ASP.NET Web應用系統開發

彭芳策 著

財經錢線

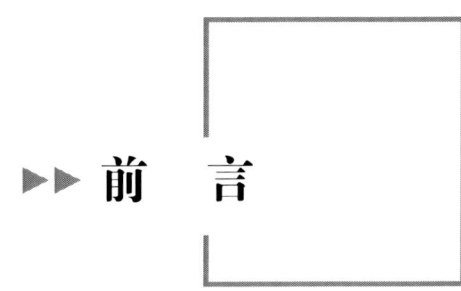

前　言

　　ASP.NET 是 Microsoft 公司推出的新一代建立動態 Web 應用程序的開發平臺，自 21 世紀初至今，已在全世界普及推廣，是目前主流的網絡編程工具之一。

　　本書共八章，提供了前端、C#基礎、控件使用、數據庫基礎、小型系統開發示例、後端和 Js 的綜合應用示例等各類知識。

　　本書內容通俗易懂，以由淺入深的方式，向讀者介紹相關知識點，是一本較好的 ASP.NET 前後端開發的入門書籍。在講解相關知識點時，本書設計了許多相關典型示例，做到了「一個知識點至少有一個示例和一個綜合應用」，通過實例講解分析，詳盡講述了實際開發中所需的各類知識。利用本書，教師可以得心應手地教學，學生也可以輕鬆地自學。

　　本書第一章由郭喜躍編寫、其他章節由彭芳策編寫。在編寫本書的過程中，我們以科學、嚴謹的態度，力求精益求精，但錯誤、疏漏之處在所難免，敬請廣大讀者批評指正。

編者

目　錄

1　**Web 前端設計** ……………………………………………………………（ 1 ）
　　1.1　Web 前端概述 …………………………………………………………（ 1 ）
　　1.2　HTML5 ………………………………………………………………（ 2 ）
　　1.3　CSS3 …………………………………………………………………（ 6 ）
　　1.4　JavaScript ……………………………………………………………（ 13 ）
　　1.5　前端插件與框架 ………………………………………………………（ 20 ）
　　習題 …………………………………………………………………………（ 30 ）
2　**C# 語言基礎** ………………………………………………………………（ 32 ）
　　2.1　C#語言環境 ……………………………………………………………（ 32 ）
　　2.2　C#基本語法 ……………………………………………………………（ 33 ）
　　2.3　變量 ……………………………………………………………………（ 40 ）
　　2.4　常量 ……………………………………………………………………（ 41 ）
　　2.5　運算符 …………………………………………………………………（ 42 ）
　　2.6　條件結構 ………………………………………………………………（ 49 ）
　　2.7　循環結構 ………………………………………………………………（ 57 ）
　　2.8　數組（Array）…………………………………………………………（ 65 ）
　　2.9　字符串（String）………………………………………………………（ 73 ）
　　2.10　類（Class）……………………………………………………………（ 83 ）
　　習題 …………………………………………………………………………（ 84 ）
3　**ASP.net 內置對象** ………………………………………………………（ 86 ）
　　3.1　Response　對象 ………………………………………………………（ 86 ）
　　3.2　Request　對象 ………………………………………………………（ 88 ）
　　3.3　ASP　Application　對象 ……………………………………………（ 91 ）
　　3.4　Session　對象 …………………………………………………………（ 93 ）
　　習題 …………………………………………………………………………（ 96 ）
4　**內部控件** …………………………………………………………………（ 97 ）
　　4.1　Web 服務器控件 ………………………………………………………（ 97 ）
　　4.2　Button　控件 …………………………………………………………（ 98 ）
　　4.3　ASP.NET　Calendar 控件 ……………………………………………（ 99 ）

		4.4	CheckBox 控件	(102)
		4.5	DropDownList 控件	(106)
		4.6	HyperLink 控件	(107)
		4.7	Image 控件	(108)
		4.8	ImageButton 控件	(109)
		4.9	Label 控件	(110)
		4.10	LinkButton 控件	(111)
		4.11	ListBox 控件	(112)
		4.12	Panel 控件	(115)
		4.13	RadioButton 控件	(116)
		4.14	TextBox 控件	(117)
		4.15	FileUpload 控件	(119)
		習題		(120)
5	數據驗證控件			(122)
		5.1	CompareValidator 控件	(122)
		5.2	CustomValidator 控件	(124)
		5.3	RangeValidator 控件	(125)
		5.4	RegularExpressionValidator 控件	(127)
		5.5	RequiredFieldValidator 控件	(132)
		5.6	ValidationSummary 控件	(134)
		習題		(136)
6	使用 OLE DB 操作數據庫			(137)
		6.1	OLE DB 簡介	(137)
		6.2	OleDBConnection 對象屬性	(138)
		6.3	使用 OLEDBConnection 對象連接數據庫	(139)
		6.4	使用 Command 對象操作數據	(139)
		習題		(147)
7	留言板管理系統			(148)
		7.1	系統分析	(148)
		7.2	系統功能結構	(148)
		7.3	數據庫與數據表設計	(149)
		7.4	配置 web.config	(151)
		7.5	模塊設計說明	(152)
		習題		(189)
8	bootstrap 框架的使用			(192)
		8.1	文件目錄結構	(192)
		8.2	運行窗口	(192)
		8.3	程序實現	(194)
		習題		(201)

1 Web 前端設計

1.1 Web 前端概述

在計算機科學的發展過程中，推動相關應用技術迅猛發展的一個根本原因是人們對快速高效地實現資源共享的需求。早期，人們利用計算機網絡進行資源共享的方式主要是依靠開發基於 C/S（Client/Server，客戶端/服務器端）模式的軟件系統來實現，這種模式需要分別在用戶端主機和服務器開發兩套應用程序，運行維護的成本較高。近年來，越來越多的應用通過網頁提供給用戶，用戶端只需要一款瀏覽器軟件即可，不需要為用戶主機開發專用的軟件，服務的提供方只專注於服務器端程序的設計，這就是 B/S 模式（Browser/Server，瀏覽器端/服務器端）。B/S 模式目前已經成為主流的資源共享方式。

基於 HTTP 協議運行的 WWW（World Wide Web，萬維網）服務是 B/S 模式的底層支撐，WWW 簡稱為 Web，亦指我們通常所說的網頁。Web 的運行包括兩部分：前端與後端。通俗地講，Web 前端是指用戶在瀏覽器中能夠直觀看到的某一網頁的界面，它的作用是除了向用戶呈現合理、美觀的網頁內容外，還提供用戶與網站服務器端進行交互的功能，如點擊按鈕、連結等。Web 後端即網站的服務器端，在收到用戶通過前端發送來的訪問請求後，服務器端會自動調用和執行相關程序，如進行數學運算、操作數據庫等，並將程序執行結果返回給 Web 前端。通過上述介紹可以看出，Web 前端負責提供良好的用戶體驗，Web 後端則重點負責網站業務邏輯的實現和數據的調度。

需要指出的是，隨著普通 PC 和筆記本電腦性能的快速提升，現在越來越多的 Web 應用將業務邏輯的處理也交由客戶端瀏覽器實施，服務器端僅提供必要的用戶身分認證、數據調度等功能，大大減輕了服務器端的負擔，提升了網站的訪問效率。

Web 前端設計是指網站界面的設計，主要通過 HTML、CSS 和 JavaScript 三種技術實現。其中 HTML 負責提供網頁的結構與內容，CSS 負責對內容進行修飾，JavaScript 負責提供適當的動畫效果、用戶網站交互功能等，這三者各司其職、相互配合，共同支撐 Web 前端的正常運行。

早期的 Web 頁面基本上是純 HTML 靜態網頁，僅提供廣播式的信息發布，被稱為 Web1.0 時代，其特點是數據流量大；到了 2010 年前後，隨著 Web2.0 技術的發展，Web 頁面的內容與功能日趨豐富，其特點是互動性較強；目前，Web3.0 的概念已經出現，它的本質特徵是多種數據被整合利用，頁面的智能性高。

Web 前端開發是一個發展活躍的領域，圍繞頁面效率的提升和功能的豐富，新的開發技術不斷湧現，開發模式層出不窮。2006 年出現的 jQuery 框架大大提升了 JavaScript 語言的開發效率，其影響一直延續到現在；2009 年誕生的 Angular.js 技術首次提出前端的 MVC 模式（Model－View－Controller），將網頁內容呈現與業務邏輯的處理分開，提升了開發、調試、運行等的效率；2013 年 React.js 框架出現，它利用組件化的開發思想，提高了代碼的復用性，而且擁有較高的執行性能；2014 年，一款輕量級的漸進式前端框架 Vue.js 正式發布，它只關注視圖層，學習門檻低，且在很大程度上綜合利用了 Angular.js 和 React.js 的優點，因而受到較多關注。從上述發展過程我們不難看出，Web 前端開發技術的變化基本上都圍繞 JavaScript 語言展開，因此 JavaScript 語言在 Web 前端領域中有著越來越重要的地位。

1.2　HTML5

HTML（Hyper Text Markup Language，超文本標記語言）是一種專門用於定義網頁結構與內容的編程語言。「超文本」是指頁面內容除了普通文本以外，還包括連結、圖片、音頻、視頻、應用程序等非文字元素。其包含 HTML 語言內容、擴展名為 .html 或 htm 的文件即為一個網頁（Webpage），因而網頁的本質就是 HTML。

第一個正式的 HTML 語言標準於 1993 年發布，經過二十多年的發展，目前最新的標準是 HTML5，且已經獲得主流瀏覽器的支持。

1.2.1　HTML 語言的語法規則

HTML 的語法規則較為簡單，它採用「標籤」方式描述網頁的結構與內容，因此又被稱為標籤語言。整體上，HTML 標籤分為兩大類：一是成對出現的容器標籤；二是單個出現的單標籤（有時又被稱為空標籤）。標籤中還可通過設置標籤屬性來進一步刻畫標籤的內容或外觀。它們的語法規則如下：

容器標籤：
<標籤名 屬性名="屬性值" 屬性名="屬性值" … >內容…</標籤名>
　單標籤：
<標籤名 屬性名="屬性值" 屬性名="屬性值" … / >

通常，HTML 的標籤名和屬性名是固定的英文字母，但是也允許開發人員根據實際需要自定義標籤名和屬性名。標籤名和屬性名不區分大小寫。

1.2.2 網頁的基本結構

任何一個網頁，其完整的 HTML 結構如下：
<html>
    <head>   </head>
    <body>   </body>
</html>

其中<html>標籤的作用是告知瀏覽器其自身是一個 HTML 文檔，瀏覽器會根據 HTML 的規範來解析文檔內容並呈現到頁面中。<html>標籤有<head>和<body>兩個子標籤，<head>標籤用於定義文檔的頭部，它是所有頭部元素的容器，還可以引用腳本文件（通常指 JavaScript）和樣式表（CSS）、提供元信息等；<body>標籤用於定義文檔的主體內容，用戶在瀏覽器中看到的網頁內容絕大部分都來自<body>標籤。

網頁的上述基本結構並非必需，在缺失某些標籤的情況下，用戶仍可能正常看到網頁內容，但是這樣存在諸多風險，最常見的是非英文文本的亂碼。因此，開發人員應嚴格按照上述結構創建網頁。

我們用瀏覽器通過「查看源代碼」（或「查看源」）可以查看任意網頁的 HTML 結構，見圖 1.1。

圖 1.1　興義民族師範學院網站首頁源代碼（局部）

1.2.3 常用的 HTML5 標籤

標準的 HTML5 語言共有 120 個標籤，但是常用的標籤只有 30 多個。為了便於讀者理解並熟記這些標籤的名稱，我們根據標籤名的來源方式的不同，將常用的 HTML 標籤分為以下三類。

（1）標籤名本身就是一個完整的英文單詞，見表 1.1。

表 1.1　HTML5 標籤

標籤名	含義與來源	標籤名	含義與來源
\<article\>	定義文章	\<option\>	定義選擇列表中的選項
\<audio\>	定義聲音內容	\<meta\>	定義關於 HTML 文檔的元信息
\<body\>	定義文檔的主體	\<script\>	定義客戶端腳本
\<button\>	定義按鈕	\<select\>	定義選擇列表與下拉列表
\<form\>	定義供用戶輸入的 HTML 表單	\<style\>	定義文檔的樣式信息
\<head\>	定義關於文檔的信息	\<table\>	定義表格
\<input\>	定義輸入控件	\<title\>	定義瀏覽器標題欄內容
\<label\>	定義 input 元素的標籤	\<video\>	定義視頻
\<link\>	定義文檔與外部資源的關係		

（2）標籤名為一個英文單詞中的部分字母，見表 1.2。

表 1.2　HTML5 標籤

標籤名	含義與來源	標籤名	含義與來源
\<b\>	定義粗體字，來自 Bold	\<nav\>	定義導航連結，來自 Navigator
\<div\>	定義文檔中的節，來自 Division	\<p\>	定義段落，來自 Paragraph
\<hr\>	定義水準線，來自 Horizontal	\<sub\>	定義下標文本，來自 Subscript
\<img\>	定義圖像，來自 Image	\<sup\>	定義上標文本，來自 Superscript
\<li\>	定義列表的項目，來自 List		

（3）標籤名由多個英文單詞中的字母組成，見表 1.3。

表 1.3　HTML5 標籤

標籤名	含義與來源	標籤名	含義與來源
\<br\>	強制換行，來自 Break Row	\<tbody\>	定義表格中的主體內容，來自 Table Body
\<html\>	定義 HTML 文檔，來自 Hyper Text Markup Language	\<th\>	定義表格中的表頭單元格，來自 Table Head
\<ol\>	定義有序列表，來自 Ordered List	\<thead\>	定義表格中的表頭內容，來自 Table Head

續表

標籤名	含義與來源	標籤名	含義與來源
<tr>	定義表格中行，來自 Table Row	<ul>	定義無序列表，來自 Unordered List
<td>	定義表格中的單元格，來自 Table Data		

完整的 HTML5 標籤介紹請參考：HTML 參考手冊 http://www.w3school.com.cn/tags/index.asp。需要注意的是，IE8 及更早版本的瀏覽器不支持 HTML5。

1.2.4 常用的 HTML5 屬性

如前所述，HTML 屬性的作用是進一步刻畫標籤的內容或外觀。HTML 屬性較多，整體上 HTML 屬性可分為公有屬性和私有屬性兩大類：公有屬性是指任何 HTML 標籤均可設置的屬性；私有屬性是指僅某個（些）HTML 標籤才可設置的屬性。下面分別列出 HTML 常用的公有屬性（見表 1.4）和常用的私有屬性（見表 1.5）。

表 1.4 常用的公有屬性

屬性名	作用與可選值	屬性名	作用與可選值
Class	規定標籤的一個或多個類名。自定義值	Id	規定標籤的唯一 id。自定義值
Style	規定標籤的行內 CSS 樣式。符合 CSS 樣式語法的自定義值（推薦用 CSS 實現）	Title	規定鼠標在該標籤上懸停時的提示信息。自定義值
Height	設置標籤的高度。自定義值（推薦用 CSS 實現）	Width	設置標籤的寬度。自定義值（推薦用 CSS 實現）
Onclick	定義鼠標單擊該標籤時的事件。符合 JavaScript 語法的自定義值	Ondbclick	定義鼠標雙擊該標籤時的事件。符合 JavaScript 語法的自定義值

表 1.5 常用的私有屬性

屬性名	作用與可選值	屬性名	作用與可選值
href	連接、連結標籤的外部資源地址。自定義值	Placeholder	用於可輸入值的 input 標籤，設置輸入前顯示的提示信息。自定義值

續表

屬性名	作用與可選值	屬性名	作用與可選值
Value	Input 標籤的選中值或輸入值。 自定義值	Type	①Input 標籤的類型值，可選值有： Text：文本框 Radio：單選按鈕 Checkbox：篩選按鈕 Hidden：隱藏的標籤 Button：普通按鈕 Submit：提交表單按鈕 Reset：重置表單按鈕 Password：密碼文本框 File：瀏覽文件按鈕 ②source 標籤的外部資源類型值，可選值有： Video/mp4：引入 mp4 視頻文件 Audio/mp3：引入 mp3 音頻文件
Name	定義 input 標籤的名稱，常用於後端程序接收前端值。 自定義值		
Src	引入外部資源的地址，如多媒體文件、樣式文件、腳本文件等。 自定義值		
required	規定 input 標籤為必填（必選）字段。 可選值： Required：必選 （不添加該屬性意味著非必填）		
Checked	規定單選、復選按鈕是否被選中。 可選值： checked：選中 （不添加該屬性意味著未被選中）	selected	規定下拉菜單、列表中的某一項是否被選中。 可選值： selected：選中 （不添加該屬性意味著未被選中）

1.3 CSS3

CSS（Cascading Style Sheet，層疊樣式表或級聯樣式表）是一種專門用於控制網頁內容的樣式和佈局的語言，目前最新的標準是 CSS3。當前，採用 CSS+DIV 實現網頁佈局已經成為主流方式，因此 Web 前端開發人員掌握 CSS3 技術是十分必要的。

1.3.1 盒子模型

理解盒子模型是瞭解 CSS 工作方式的基礎，尤其是在做內容佈局時，盒子模型將起到十分重要的作用。盒子模型認為，任何一個視覺可見的 html 元素都包括內容（content）、內邊距（padding）、邊框（border）和外邊距（margin）。其中內邊距是指內容到邊框的距離，外邊距是指邊框以外與其他相鄰元素的距離。這種結構就好像我們在觀察一組裝有物品的盒子：內容是指盒子內放置的物品，內邊距是指物品與盒子外殼之間的距離，邊框是指盒子外殼的厚度，外邊距是盒子外殼以外的空間。因此，這種結構被形象地稱為盒子模型，如圖 1.2 所示。

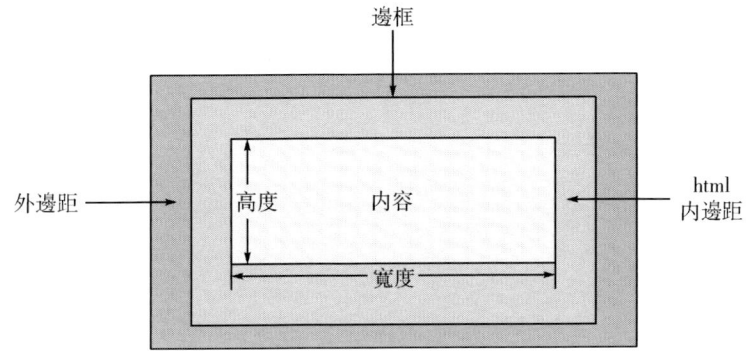

圖 1.2　盒子模型示意圖

需要注意的是，內邊距、邊框和外邊距可以被分別設置上、下、左、右四個方向的值；我們在計算標籤的實際占位寬度或高度時，需要將內容、內邊距、邊框、外邊距在垂直或水準方向的值進行累加，而對於兩個相鄰標籤之間在水準方向上的實際間隔距離，不同瀏覽器有不同的解釋，開發人員在做內容佈局時一定要注意這一點。

1.3.2　CSS 的基本語法

CSS 的基本語法結構為：
選擇器 {
　　樣式名：樣式值；
　　樣式名：樣式值；
　　…
}

根據 CSS 代碼的位置不同，CSS 樣式可以分為三類：行內樣式、內部樣式和外部樣式。

行內樣式是指在<html>標籤中通過使用<style>屬性來設置樣式內容，樣式內容僅能修飾所在的<html>標籤。如：

內部樣式是把 CSS 代碼放在<head>標籤下的<style>標籤中，代碼的有效作用範圍是整個頁面。如：
<head>
　　<style>
　　　　p {
　　　　　　font-size：14px；
　　　　　　color：red；
　　　　}
　　</style>
</head>

外部樣式是指將 CSS 代碼放在一個獨立的、擴展名為 .css 的文件中，任意一個

html 文檔均可調用該文件，從而使用其中的樣式。從提高代碼利用率的角度看，我們推薦使用外部樣式。如：

myStyle.css 文件：

```
p {
    font-size: 14px;
    color: red;
}
```

在 index.html 文件中調用上述樣式文件：

```
<head>
    <link rel="stylesheet" href="myStyle.css">
</head>
```

1.3.3 樣式選擇器

在內部樣式和外部樣式中，樣式選擇器非常重要，它將直接決定著樣式代碼能夠修飾哪些標籤。基本的樣式選擇器包括 ID 樣式選擇器、類樣式選擇器、標籤樣式選擇器和偽類選擇器。

ID 樣式選擇器的寫法是「#某個標籤的 id 屬性值」，其樣式內容僅可修飾有對應 id 值的標籤，如：

```
#stuName {
    font-size: 14px;
    color: red;
}
<p id="stuName">我的字是紅色14像素。</p>
```

類樣式選擇器的寫法是「.某些 html 標籤的 class 屬性值」，類樣式能夠同時修飾多個標籤。如：

```
.redFont {
    font-size: 14px;
    color: red;
}
<p class="redFont">我的字是紅色14像素。</p>
<div class="redFont">我的字是紅色14像素。</div>
```

標籤樣式選擇器的寫法是「合法的 html 標籤名」，標籤樣式可以同時修飾有效作用範圍內的所有標籤。如：

```
div {
    font-size: 14px;
    color: red;
}
<div>我的字是紅色14像素。</div>
<div>我的字是紅色14像素。</div>
```

偽類選擇器樣式用於標籤在不同狀態下的樣式，其寫法是在上述三種樣式選擇器後加「：狀態」。其典型應用是修飾一個文字連結在鼠標未經過和鼠標懸停時顯示不同的樣式，如：

```
.redLink｛
    font-size：14px；
    color：black；
    text-decoration：none；
｝
.redLink：hover｛
    font-size：14px；
color：red；
    text-decoration：underline；
｝

<a class="redLink" href="http：//www.xynun.edu.cn">興義民族師範學院</a>
```

我們可以發現，「興義民族師範學院」文字原本是黑色、無下劃線的，鼠標光標經過它時變為紅色加下劃線。

我們將上述四種基本選擇器進行組合，可以得到更為複雜的選擇器。如：

```
<style>
#nav li .linkStyle｛
    font-size：14px；
    color：black；
    text-decoration：none；
｝
#nav li .linkStyle：hover｛
    font-size：14px；
    color：red；
    text-decoration：underline；
｝
</style>
<ul id="nav">
    <li><a class="linkStyle">首 頁</a></li>
    <li><a class="linkStyle">简 介</a></li>
<ul/>
```

上述代碼中，第一個樣式選擇器「#nav li .linkStyle」的含義是，在 id 屬性值為 nav 的標籤中找到所有後代標籤 li（可以是直接後代，也可以是間接後代），再從每個 li 標籤中找到所有 class 屬性值為 linkStyle 的後代標籤，這才是最終的修飾對象。

除此之外，我們還可以將標籤的其他屬性值寫入選擇器中。如：

```
input［type="text"］｛
```

```
    font-size：14px；
    color：red；
}
<input type="text" />
<input type="text" />
```

當用戶在上述兩個文本框中輸入內容時，文字為紅色、14 像素。

1.3.4 常用的 CSS3 樣式名

如果說選擇器用於確定要修飾的對象，那麼樣式名和樣式值則決定著如何來修飾。完整的 CSS 樣式名規模很大，但是常用的不多，可以分為文字修飾類、段落文本修飾類、背景類、表格類、定位類和彈性伸縮佈局類等，下面逐一介紹。

（1）常用的文字修飾類樣式名，見表 1.6。

表 1.6　常用的文字修飾類樣式名

樣式名	作用與可選值	樣式名	作用與可選值
Font-family	設置字體類型。中文字體名需加引號	Font-weight	設置加粗程度。值範圍為 100－900，小值趨細，大值超粗。400 為正常粗細，700 為普通加粗
Font-size	設置字號。值的寫法見 1.3.6 節		
縮寫方法： 語法：font：font-style 值、font-weight 值、font-size 值、font-family 值 如：font：italic bold 16px Arial；　　//斜體 加粗 16 像素 Arial 字體			

（2）常用的段落文本修飾類樣式名，見表 1.7。

表 1.7　常用的段落文本修飾類樣式名

樣式名	作用與可選值	樣式名	作用與可選值
Text-indent	設置首行縮進值。對於中文通常是 font-size 值的 2 倍	Color	設置顏色。值的寫法見 1.3.7 節
text-align	設置文本水準對齊方式。可選值： Left：左對齊，right：右對齊，center：居中對齊，justify：兩端對齊	Line-height	設置行高。值的寫法見 1.3.6 節
word-spacing	詞間距，對中文無效	letter-spacing	字符間距，每一個漢字相當於一個英文字母
text-decoration	設置在什麼位置出現條線。可選值： Underline：下劃線 overline：上劃線 line-through：相當於刪除線		

（3）常用的背景類樣式名，見表1.8。

表1.8 常用的背景類樣式名

樣式名	作用與可選值	樣式名	作用與可選值
background-color	設置純色背景。值的寫法見1.3.7節	background-image	設置背景圖片，通過url函數指定圖片資源
background-repeat	當圖片尺寸小於元素尺寸時，圖片的重複方式，可選值： repeat：水準、垂直都重複顯示； repeat-x：僅水準方向重複； repeat-y：僅垂直方向重複； no-repeat：重複	background-size	設置背景圖片大小，可選值： cover：圖片拉伸，鋪滿元素，圖片可能會變形； 寬度值/高度值：指定寬高，如果都為100%則會不變形地拉伸，直到寬度或高度與元素的寬度或高度相同
background-position	設置背景圖片位置，需要依次設置垂直方向和水準方向的位置，水準方向可選值：left center right； 垂直方向可選值：top center bottom； center center：垂直居中水準居中； top left：垂直居頂 水準居左； bottom right：垂直居底 水準居右	background：linear-gradient（）函數	設置漸變背景。 參數可有多個，但至少有三個。第一個參數指示漸變方向，第二個參數表示起始顏色，第三個參數表示緊接著的顏色，……。 第一個參數有兩種寫法： to［left/right/top/bottom］ 以12點為0度的度數
縮寫方法： 語法：background：background-color 值、background-image 值、background-repeat 值、background-attachment 值、background-position 值、background-size 值			

（4）常用的表格類樣式名，見表1.9。

表1.9 常用的表格類樣式名

樣式名	作用與可選值	樣式名	作用與可選值
border	用於<table>標籤，設置表格邊框樣式（縮寫），順序為：粗細、樣式、顏色	border-collapse	用於<table>標籤，設置表格邊框是否合併。可選值： collapse：合併，細線表格 separate：分離
width	用於<table>、<tr>、<td>標籤，設置標籤寬度	height	用於<table>、<tr>、<td>標籤，設置標籤高度
vertical-align	用於<td>標籤，設置文本垂直對齊方式		

（5）定位樣式名position。

默認情況下，有些標籤會獨立占行顯示（稱為塊級標籤），有些標籤則不會獨立占行（稱為行內標籤），而是與左右相鄰標籤共在一行，如果需要打破這種默認佈局則需要用到 CSS 中的 position 屬性對標籤進行重新定位。position 屬性的作用是設置標籤的定位類型，其可選值及作用如下：

  static：默認值，普通流定位，瀏覽器會根據元素的默認屬性，自上而下（或自左向右）依次顯示元素。

  relative：相對定位，元素相對於其原來默認位置偏移一定值，原來所占空間仍然存在。

  absolute：絕對定位，元素完全從文檔流中脫離，並相對於其父元素偏移一定值，原來所占空間將被刪除。

  fixed：固定定位，元素完全從文檔流中脫離，並相對於瀏覽器窗口來定位。

需要注意的是，relative、absolute、fixed 這三種定位類型均需要配合 top/right/bottom/left 四個屬性來設置具體偏移值。

（6）彈性伸縮佈局類樣式名，見表 1.10。

彈性伸縮佈局是 CSS3 的新特性，能夠極大降低頁面複雜佈局的實現難度。在彈性伸縮佈局中，我們僅需要對父標籤進行設置，不需要關注子標籤。

表 1.10 彈性伸縮佈局類樣式名

樣式名	作用與可選值	樣式名	作用與可選值
display	將父標籤的 display 屬性值設置為 flex，瀏覽器就會將其視為彈性伸縮佈局	flex-direction	設置彈性佈局的伸縮方向。可選值： row：在水準方向上浮動排列 column：在垂直方向上浮動排列
justify-content	設置其子標籤在父標籤的主軸線上的對齊方式。可選值： flex-start：從左向右，剩餘空間統一留在右邊； center：居中，剩餘空間平均分佈在左右兩邊； space-between：平均分佈，剩餘空間平均分配在相鄰兩個子標籤之間； space-around：平均分佈，剩餘空間平均分配在每個子元素的左右兩邊； flex-end：從右向左，剩餘空間統一留在左邊	flex-wrap	當父標籤在一行內不能放下所有子標籤而形成溢出時的處理方法。可選值： nowrap：默認，不換行，此時子標籤的寬度會被壓縮，直到鋪滿父標籤的一行； wrap：換行，溢出的子標籤顯示在下一行

1.3.5 CSS3 中的顏色值寫法

  CSS3 仍然採用 RGB 三色原理調節每種顏色的濃度，從而取得目標顏色值，或者直接使用顏色對應的英文單詞。CSS3 中共有四種顏色表示方法，分別為：

  （1）#6 位十六進制代碼：從左至右每兩位值分別表示紅、綠、藍三種顏色的濃度，00 最淡，ff 最深；每種顏色的值均相同，則表示不同深淺的灰色。如：#ff0000 為紅色；#ffff00 為黃色；#00ffff 為青色；#000000 為黑色；#ffffff 為白色等。

  （2）rgb 函數：該函數有三個參數，從左至右依次紅、綠、藍三種顏色的濃度，0

最淡，255 最深；每種顏色的值均相同，則表示不同深淺的灰色。如 rgb（255，0，0）為紅色；rgb（255，255，0）為黃色；rgb（0，255，255）為青色；rgb（0，0，0）為黑色；rgb（255，255，255）為白色等。

（3）rgba 函數：該函數有四個參數，前三個參數的意義與 rgb 相同，第四個參數表示透明度，值為 0~1 之間的小數，如 rgba（255，0，0，0.5）表示透明度為 0.5 的紅色，實際上它呈現出來的已經不再是純紅色。

（4）英文單詞：如 red、yellow、blue、green、white、black、pink、purple、brown 等。

1.3.6　CSS3 中的尺寸值寫法

根據盒子模型的原理及上述知識我們不難發現，很多屬性的值都為尺寸，如字號、高度、寬度、邊框、內外邊距、填充等。在 CSS3 中尺寸的寫法有四種，分別為：

（1）px：像素，相對於用戶屏幕的分辨率。

（2）em：相對長度，相對於當前對象內文本的字體尺寸。如當前對行內文本的字體尺寸未被人為設置，則相對於瀏覽器的默認字體尺寸（16px）。

（3）rem：相對長度，相對於根標籤（<html>標籤）中設置的字體大小來調整當前標籤的某一尺寸屬性值。如根標籤設置 font-size：14px，則

1rem = 1×14 = 14px；

1.25rem = 1.25×14 = 17.5px。

（4）%：百分比，指相對於父標籤某一尺寸值的比例。

在實際應用中，rem 單位值的寫法在顯示效果上更佳，推薦使用。

1.4　JavaScript

1.4.1　JavaScript 概述

JavaScript 是目前在 Web 前端開發領域十分流行且十分重要的一種腳本語言，其功能強大，用途廣泛，可以回應瀏覽器事件、操作 HTML 元素、製作炫酷特效、驗證用戶數據、與服務器進行交互甚至進行服務器端編程等。雖然 JavaScript 語言的學習門檻較低，但限於篇幅，本書僅介紹一些 JavaScript 的基礎知識。

要想在頁面中使用 JavaScript 腳本，必須要有<script>標籤，而具體的程序代碼既可以在此標籤中，也可以來自外部的 .js 文件。像 .css 文件一樣，我們也推薦將 JavaScript 代碼單獨保存在一個獨立的 .js 文件中，這樣既使網頁的文件結構更加清晰，便於搜索和高度，又可提高代碼的復用性。

<script src = " cjs/jquery-3.2.1.min.js "></script>　//引入站內 js 文件
<script src = " https：//unpkg.com/bootstrap@4.2.1/dist/js/bootstrap.min.js " ></script>
//引入站外 js 文件
<script>

window.alert（"hello，world!"）　　//彈出警告框
</script>

1.4.2　JavaScript 的基本語法

JavaScript 語法嚴格區分大小寫；一行代碼可以用分號（;）表示結束，也可以直接回車換行表示結束；註釋方法分為單行註釋（//）和多行註釋（/* ... */）；其運算符也包括算術運算符、邏輯運算符、比較運算符、賦值運算符等，使用方法與其他編程語言相似。

（1）變量。在 JavaScript 中，變量可以不用先聲明而直接使用；聲明而未賦值的變量為 undefined；可以看出，JavaScript 屬於弱類型語言。

創建數組的方法有三種：
①利用 Array（）函數創建空數組：stu＝new Array（）。
②利用下標方式直接賦值：stu［0］＝"張三"。
③利用 Array 函數創建數組並立即賦值：stu＝new Array（"張三"）。

JavaScript 中數組的創建和使用在真實開發中較為常見，一定要深入學習並靈活掌握其用法。

（2）字符串。字符串是 JavaScript 中比較常見的一類數據類型。其常用屬性有：
length：返回字符串長度。
常用方法有：
charAt（）：返回某一字符或子串的起始位置序號。
indexOf（）：返回某一位置序號所對應的字符。
replace（）：字符替換。
split（）：根據某一字符進行分割，結果為一個數組。
substr（n, l）：從第 N 位開始，獲取長度為 l 的子串。
substring（s, e）：獲取從第 s 位到第 n 位的子串。
我們推薦讀者要熟練掌握後 4 種方法，在真實開發工作中極為常用。

（3）函數。JavaScript 中函數的意義與其他語言中函數的意義相同，它把一些 JavaScript 程序放在一個獨立、完整的結構中，用於實現一些特定的功能，並且可以被多個頁面重複使用。

函數定義方法：
function funName（paras）　　//parasV 為形式參數，可有多個
{代碼塊;}
函數調用方法：
funName（paras）　　//parasR 為實際參數，類型與數量要與形式參數一一對應。
通常情況下，函數要先定義後使用。

（4）條件分支與循環。JavaScript 也提供 if else 語句來實現條件分支，與其他編程語言的用法完全相同，包括：
if（）{...}
if（）{...} else {...}

if ( ) {...} else if ( ) {...} else if ( ) {...} ……else {...}

　　與其他編程語言仍然相同的是，JavaScript 也有 for 循環和 while 循環，但除此之外它還獨有一種 for in 循環結構，專門用於遍歷可序列化的數據，具有較強的實用性。其語法結構為：

　　for（i in obj）{...}　　//obj 為可序列化的數據變量（如數組、JSON 等），i 為循環變量，是每個元素的下標。

　　上述結構的含義是：從第一個元素開始，依次從 obj 變量中獲取每一個元素的下標，並把此下標值循環地交給循環變量 i，然後在循環體中就可以使此下標變量 i 來完成各類操作。如：
stu = new Array（"張三","李四","王五","趙六"）；
lis = " "；
for（eachStu in stu）{
　　lis += "<p>" + stu［eachStu］+ "</p>"；
}；
document.write（lis）；//向頁面寫入數據

　　一定要注意的是，for in 結構中循環變化的是下標，而不是每一個元素。

1.4.3　JSON 數據格式

　　JSON（JavaScript Object Notation，JavaScript 對象標記）是一種輕量級的數據交換格式，是 JavaScript 的一個子集，採用完全獨立於編程語言的文本格式來存儲和表示數據，本質上是一個字符串，易於閱讀和編寫，現在很多 Web 後端編程語言都能處理 JSON 數據，如 PHP、C#、JAVA、Python 等。JSON 比 XML 在多個方面都有突出優勢，因此是目前 Web 上應用最為廣泛的數據交互與傳輸格式。

　　JSON 數據格式的結構特點包括：
①用鍵值對表示對象；
②相鄰的同級數據用逗號分隔；
③用大括號保存對象；
④用方括號保存對象數組；
⑤結構可嵌套。

　　讀者可通過以下示例瞭解 JSON 數據格式的結構特點與使用方法。
例 1：純 JSON 數組，用方括號表示。
var jsonArr =［"張三","李四","王五","趙六"］；　　//定義純 json 數組
for（i in jsonArr）　　//利用 for in 循環遍歷 jsono 數組元素
　　{
　　　　document.write（i+":"+jsonArr［i］+"<br/>"）；//將所有元素拼接為一個字符串並顯示在頁面中

例 2：多個對象且對象值為單一元素的 JSON 數據，大括號保存多個對象，每個對象為鍵值對，整體上類似數據表中的一條記錄。

```
var jsonObj = {
    "name":"張三",
    "sex":"男",
    "age": 100,
}
tempStr="姓名:"+jsonObj.name+",性別:"+jsonObj.sex+",年齡:"+jsonObj.age +"<br/>"
/*或者下面這種寫法*/
tempStr="姓名:"+jsonObj['name'] +",性別:"+jsonObj['sex'] +",年齡:"+jsonObj['age'] +"<br/>"
document.write（tempStr）
```

例3：對象數組，大括號與中括號結合使用，類似數據表中多條記錄。

```
var jsonObjArr=
[
    {
        "name":"張三",
        "sex":"男",
        "age": 100
    },
    {
        "name":"李四",
        "sex":"女",
        "age": 56
    },
    {
        "name":"王五",
        "sex":"男",
        "age": 36
    }
];
for（i in jsonObjArr）
{
    tempStr="姓名:"+jsonObjArr[i]['name'] +",性別:"+jsonObjArr[i]['sex'] +",年齡:"+jsonObjArr[i]['age'] +"<br/>";
    document.write（tempStr）
}
```

例4：複雜的JSON結構嵌套。最外層是key為data和info的普通對象，data對應的值為對象數組，info對應值為一個字符串。類似於多張數據表（本例可視為有data表和info表），每個數據表中可分別放入不同的數據內容。仍然根據對象的key值分別進行遍歷。

```
var jsonMultiObj=
 {
    "data":
    [
        {
            "name":"張三","sex":"男","age":100
        },
        {
            "name":"李四","sex":"女","age":56
        },
        {
            "name":"王五","sex":"男","age":36
        }
    ],
    "info":"這裡有三條人員信息記錄。"
};
document.write（jsonMultiObj.info+"<br/>"）;//讀取 key 為 info 的值
for（i in jsonMultiObj.data）//利用 for in 循環遍歷 key 為 data 的所有值
    {
        tempStr="姓名:"+jsonMultiObj［'data'］［i］［'name'］+"，性別:"+jsonMultiObj.data［i］［'sex'］+"，年齡:"+jsonMultiObj.data［i］［'age'］+"<br/>";
        document.write（tempStr）
    }
```

1.4.4　BOM 與 DOM

JavaScript 語言中的 BOM（Browser Object Model，瀏覽器對象模型）與 DOM（Document Object Model，文檔對象模型）擁有大量包含豐富屬性與方法的子對象，提供了豐富的用戶與頁面進行交互的功能。

（1）window 對象：表示整個瀏覽器窗口，屬於最頂層的 BOM。
常用方法：
window.open（）;// 打開新窗口。
window.close（）;// 關閉當前窗口。
window.alert（）;// 彈出警告框。
window.confirm（）;// 彈出確認框。
window.print（）;//打印當前窗口。
（2）location 對象：獲取當前頁面的 url，或者跳轉至新頁面。
常用屬性與方法：

location.href；//獲取當前頁面的url。

location.href="url"；//頁面重定向（跳轉至url）。

location.reload（）；//重新加載當前URL，即刷新當前頁。

location.replace（）；//用新文檔替換當前文檔，相當於頁面跳轉。

（3）document對象（DOM對象）：DOM實際上是BOM的一個子集，在網頁上，組成頁面的所有內容被組織在一個樹形結構中（稱為DOM樹）。通俗地說，DOM就是指頁面中所有HTML代碼所組成的結構，因此document對象可以直接對頁面內容進行操作。

常用屬性：

document.title；//獲取當前文檔的標題。

document.URL；// 獲取當前文檔的URL。

常用方法：

document.getElementById（）；//根據id屬性值查找頁面中對象（比如某標籤）。

document.getElementsByClassName（）；//根據class屬性值查找頁面對象集合。

document.getElementsByName（）；//返回帶有指定name屬性值的對象集合。

document.getElementsByTagName（）；//返回帶有指定標籤名的對象集合。

document.write（）；//向文檔寫HTML表達式 或 JavaScript 代碼。

document.writeln（）；//等同於write（）方法，不同的是在輸出完成後會追加一個換行符。

對象.屬性名=屬性值；//設置對象屬性。

對象.innerHTML［=值］；//獲取［設置］非表單元素的內容。

對象.value［=值］；//獲取［設置］表單元素的內容。

對象.style.樣式名［=值］；//獲取［設置］對象的某樣式值。

1.4.5　JavaScript中的事件

JavaScript中的事件通常是指用戶在網頁中執行中的某一動作，比如點擊鼠標左鍵、雙擊鼠標左鍵、按下鍵盤等。用戶執行這些動作往往是為了完成某一任務，比如提交表單等，而完成對應任務的過程要通過JavaScript代碼（如函數等）來實現。JavaScript語言支持多種事件，整體上事件可以分為鼠標事件、鍵盤事件、頁面加載與退出事件等。

常見的事件有：onclick（鼠標單擊事件）、ondblclick（鼠標雙擊事件）、onfocus（獲得焦點事件）、onblur（失去焦點事件）、onmousedown（鼠標按鍵按下事件）、onmouseup（鼠標按鍵彈起事件）、onmousemove（鼠標光標移動事件）、onmouseover（鼠標光標懸停事件）、onmouseout（鼠標光標移開事件）、onkeypress（鍵盤按鍵按下或按住事件）、onkeyup（鍵盤按鍵彈起事件）、onkeydown（鍵盤按鍵按下事件）、onchange（內容或值改變事件）、onload（頁面或內容加載完成事件）、onunload（頁面退出或關閉事件）等。

讀者可通過以下示例瞭解JavaScript中事件的創建與使用方法。要注意的是，為對象創建事件的代碼通常要放在對象之後，否則將產生異常錯誤。

例1：點擊按鈕實現頁面跳轉。

<button onclick=" window. open（'http：//www. xynun. edu. cn'）">xynun</button> //新窗口打開

<button onclick=" window. location. href='http：//www. xynun. edu. cn'">xynun</button> //原窗口打開

例2：即時獲取用戶在文本框裡輸入的內容，並顯示到另一個文本框中。

<input type="text" id="temp1"/>

<input type="text" id="temp2">

<script>

  var t1=document. getElementById（"temp1"）; //捕獲第一個文本框對象

  var t2=document. getElementById（"temp2"）; //捕獲第二個文本框對象

  t1. onkeyup=function（）｛; //為第一個文本框添加鍵盤彈起事件

    t2. value=t1. value;

  ｝

  t1. onblur=function（）｛; //為第一個文本框添加失去失去焦點事件

    t1. value="我失去了焦點"

  ｝

  t2. onfocus=function（）; //為第二個文本框添加獲得焦點事件

   ｛

    t2. value="我獲得了焦點"

  ｝

</script>

例3：簡單的表單驗證。在<form>標籤中添加 onsubmit 事件，事件調用自定義的表單驗證函數 checkForm（），當 checkForm（）函數返回值為 true 時提交表單，否則不提交表單。這是表單驗證的一般過程。

<form action=" http：//www. xynun. edu. cn" method="get" onsubmit=" return checkForm（）">

  <input type="text" name="" id="username">

  <input type="submit" value="提交" id="submitBtn">

</form>

<script>

  function checkForm（）

  ｛

    var username=document. getElementById（"username"）;

    var temp="";

    if（username. value==""）

     ｛

      temp="內容不能為空";

     ｝

```
            else if（username.value.length<6）
              {
                  temp="內容長度不能少於 6 位";
              }
            else if（username.value.length>15）
              {
                  temp="內容長度不能多於 15 位";
              }
            else
              {
                  temp=true;
              }
            if（temp!=true）
              {
                  alert（temp）;
                  return false;
              }
            else
              {
                  alert（"通過"）;
                  return true;
              }
        }
</script>
```

1.5 前端插件與框架

通過學習上述知識，我們不難發現，利用原生的 JavaScript 語言操作時，過程較為複雜，尤其是當涉及 DOM 操作、改變樣式、內容提交等方面時更複雜。為了簡化 JavaScript 語言的使用流程，提高編程效率、提升程序的性能，JavaScript 語言衍生出了許多插件與框架。本節將著重介紹 jQuery、Bootstrap 和 Vue.js 三種前端框架。

1.5.1 jQuery

jQuery 是一個快速、簡潔的 JavaScript 框架，其設計哲學是倡導寫更少的代碼做更多的事情。jQuery 的核心特性為：具有獨特的鏈式語法和短小清晰的多功能接口；具有高效靈活的選擇器；大大簡化了 Ajax 技術的應用過程；擁有便捷的插件擴展機制和豐富的插件，並且具有較好的瀏覽器兼容性。目前最新的版本是 jQuery3.3.1。

默認情況下，jQuery 的程序代碼是待網頁中 DOM 結構加載完畢後執行，類似於將程序放在原生 JavaScript 中的 onload 事件中。

在頁面中需要首先通過<script src="">標籤將 jQuery 文件引入進來（jQuery 下載地址：http://jquery.com/download/），之後才能進行基於 jQuery 的編程。另外，jQuery 程序必須放在以下結構中：

$（document）.ready（function（）{

你的 jQuery 程序。

}）;

可簡寫為：

$（function（）{

你的 jQuery 程序。

}）

1.5.1.1 jQuery 選擇器

與 CSS 中的選擇器的作用類似，jQuery 中選擇器的作用也是確定操作對象。jQuery 中選擇器的具體寫法與 CSS 中選擇器的寫法基本一致，但是豐富了許多新的寫法。jQuery 選擇器必須放在 $（）中。如：

$（"div"）：選擇所有<div>標籤。

$（"#abc"）：選擇 id 屬性值為 abc 的標籤。

$（".def"）：選擇 class 屬性值為 def 的所有標籤。

$（"input [type='text']"）：選擇 type 屬性值為 text 的所有<input>標籤。

1.5.1.2 對象的屬性與方法

我們利用選擇器確定了對象後，可以通過豐富的屬性與方法對對象進行多種操作。常用的屬性與方法有：

.text（）; //獲取或設置非表單標籤內容，如果內容中有 html 代碼，不解析，原樣顯示。

.html（）; //獲取或設置非表單標籤內容，如果內容中有 html 代碼，解析顯示。

.val（）; //獲取或設置表單標籤的值。

.prop（）; //獲取或設置標籤的固有屬性值。

.append（）; //在操作對象內添加內容。

.remove（）; //刪除對象。

.empty（）; //刪除對象中所有子標籤。

.css（）; //獲取或設置標籤的 css 樣式。

.addClass（）; //為對象添加一種類樣式。

.removeClass（）; //為對象刪除一種類樣式。

.width（）; //獲取或設置標籤的寬度。

.height（）; //獲取或設置標籤的高度。

.hide（）; //隱藏對象。

.show（）; //顯示對象。

.toggle（）; //在 hide（）和 show（）之間自動切換。

fadeIn（）; //淡入。

fadeOut(); //淡出。
.fadeToggle(); //在fadeIn()和fadeOut()之間自動切換。
slideDown(); //滑動出現。
slideUp(); //滑動隱藏。
.slideToggle(); //在slideDown()和slideUp()之間自動切換。
.attr(); //獲取或設置標籤的自定義屬性值。

1.5.1.3 jQuery事件

jQuery重新定義了事件的創建應用方法，實現過程更為簡化。其基本結構為：

$("選擇器名").事件名(function(){
　代碼；
})

我們仍以上述簡單表單驗證為例，來瞭解一下該事件在jQuery中的實現過程。

```
<script src="https://unpkg.com/jquery@3.3.1/dist/jquery.min.js"></script>
<script>
    $(function(){
        $("#submitBtn").click(function(){
            var username=$("#username").val();
            if(username==""){
                alert("內容不能為空");
            }
            else if(username.length<6){
                alert("內容長度不能少於6位")
            }
            else if(username.length>15){
                alert("內容長度不能多於15位");
            }
            else{
                alert("通過");
                $("#myForm").submit();
            }
        })
    })
</script>
<form action="http://www.xynun.edu.cn" method="get" id="myForm">
    <input type="text" name="" id="username">
    <input type="button" value="提交" id="submitBtn">
</form>
```

1.5.1.4 jQuery中的Ajax技術

Ajax（Asynchronous Javascript And XML，異步JavaScript和XML）是一種創建交互

式網頁應用的網頁開發技術,可用於創建快速動態網頁,在無須重新加載整個網頁的情況下,能夠更新部分網頁,其本質就是實現異步加載。利用原生 JavaScript 實現 Ajax 的過程十分複雜,而 jQuery 則大大簡化了其實現過程,提升了 Web 開發中前端與後端進行異步數據交換的效率。jQuery 內置十多種 Ajax 函數,常用的有 ajax()、getJSON()、post() 和 load() 等,下面逐一介紹。

① $.ajax()。

這是最為完整的執行異步 Ajax 請求的函數,其核心參數包括:

$.ajax({
  url: url; // 請求對象字符串,即後端程序頁面的 url
  data: data; //附加的請求參數(JSON 格式)
  type: "get/post"; //請求類型
  dataType: "json/text/html/xm 等"; //請求返回值的類型
  success: function(data) {}; //請求成功後的回調函數,函數的參數 data 為後端程序的返回值
});

由於 $.ajax() 函數的參數為標準的 JSON 格式,因此參數不分先後順序。如:

$(function() {
  $.ajax({
    url:"src/index.cs",
    data:{act:"ajax"},
    type:"get",
    dataType:"json",
    success: function(data) {
      $("#div1").html(data)
    }
  })
})

上述示例的效果是異步從後端 src/index.cs 頁面獲取 JSON 數據,並顯示到當前頁面的 id 為 div1 的標籤中。此時要求後端程序的返回值必須為 JSON 格式,否則前端將不能識別解析。

② $.getJSON()。

$.getJSON() 方法實際上是簡化的 $.ajax() 方法之一,它相當於在 $.ajax() 中將參數 type 設為 get、dataType 設為 json。如:

$(function() {
  $.getJSON("src/index.cs", {act:"ajax"}, function(data) {
    $("#div1").html(data)
  })
})

要注意,由於 $.getJSON() 函數的參數不是標籤的 JSON 格式,因此參數順序不能隨意寫,只能按照示例中的順序來寫。

③ $.post（）。

$.post（）方法實際上是簡化的$.ajax（）方法之一，它相當於在$.ajax（）中將參數type設為post，通常用於向服務器後端程序提交表單數據。其基本用法示例如下：

```
$（function（）{
    $.post（"src/index.cs"，{act:"ajax"}，function（data）{
        $（"#div1"）.html（data）
    }
},"json"）
```

要注意，$.post（）函數有四個基本參數，前三個參數與$.getJSON（）函數中的參數相同，第四個參數實際上相當於$.ajax（）函數中的dataType參數，即指定後端程序返回值的類型。$.post（）函數的參數順序也是固定的。

④load（url）。

load（）方法是簡單但強大的AJAX方法，它可從服務器加載數據，並把返回的數據放入HTML元素中。如$（"#div1"）.load（"demo_test.txt"）。

1.5.2 Bootstrap

在Web前端設計領域，如何快速搭建風格統一、佈局合理且能夠自動適應不同用戶設備的頁面一直是一個重要問題，以往設計人員通常是將HTML5、CSS3和JavaScript等技術綜合起來解決這一問題的，實現過程複雜，在團體開發中難以保證統一性，而且代碼的復用性也不夠理想。基於jQuery的Bootstrap框架正是為了解決上述問題而誕生的，它是最受歡迎的HTML、CSS和JavaScript框架之一，用於開發回應式佈局、移動設備優先的WEB項目。其本質是定義了風格統一的、幾乎覆蓋前端開發涉及的所有領域的網格佈局、基本樣式、佈局組件、插件等，供前端開發人員根據需要直接選用。目前的最新版本是Bootstrap4.2.1。

在使用Bootstrap時，我們需要先引入jQuery文件，然後再引入Bootstrap的.js文件和.css樣式文件。

由於Bootstrap包含內容較多，限於篇幅本節僅介紹部分功能，讀者可通過其他途徑學習掌握更多相關知識。

1.5.2.1 網格佈局

Bootstrap提供了一套回應式、移動設備優先的流式網格系統，它將頁面在水準方向上最多分為12列，允許開發人員設置某一標籤在某種窗口寬度下占幾列。我們結合一個具體需求案例來介紹其實現過程。

目標：頁面中有6個<div>標籤，在寬屏模式下每行顯示3個<div>，共2行；在中等寬度模式下每行顯示2個<div>，共3行；在窄屏模式下，每個<div>獨立占一行，共6行。

代碼：

```
<div class="container">
    <div class="row">
        <div class="col-lg-4 col-md-6 col-sm-12 col-xs-12">1</div>
```

```
            <div class="col-lg-4 col-md-6 col-sm-12 col-xs-12">2</div>
            <div class="col-lg-4 col-md-6 col-sm-12 col-xs-12">3</div>
            <div class="col-lg-4 col-md-6 col-sm-12 col-xs-12">4</div>
            <div class="col-lg-4 col-md-6 col-sm-12 col-xs-12">5</div>
            <div class="col-lg-4 col-md-6 col-sm-12 col-xs-12">6</div>
        </div>
</div>
```

上述示例中，.container 類提供一個最基本的佈局容器，在網絡佈局中不可缺少；.row 類定義一個占滿一行的塊級標籤，而其包含的子標籤就是可以自適應佈局的最小網絡單元（又被稱為栅格）。在這些網絡單元中，系統提供了在四種不同屏幕尺寸下的顯示方式，具體如下：

col-lg-*：指當前標籤在大屏幕中占一行 12 列中的 * 列。

col-md-*：指當前標籤在中午屏幕中占一行 12 列中的 * 列。

col-sm-*：指當前標籤在小屏幕中占一行 12 列中的 * 列。

col-xs-*：指當前標籤在超小屏幕中占一行 12 列中的 * 列。

開發人員可根據實際需求，靈活設置對應的數值，從而實現回應式佈局。

1.5.2.2 常用的基本類樣式

常用的基本類樣式見表 1.11

表 1.11　常用的基本類樣式

類樣式名	作用效果	類樣式名	作用效果
text-left	塊級標籤內容左對齊	pull-right	將標籤定位至父容器內最右側
text-center	塊級標籤內容居中對齊	alert	操作提示框（也可追加 alert-primary/success/warning/danger 等顯示不同顏色）
text-right	塊級標籤內容右對齊		
text-primary	藍色文本	btn	基本按鈕（也可追加 btn-primary/success/warning/danger 等顯示不同顏色）
text-success	綠色文本		
text-warning	黃色文本	badge	用作顯示提示消息（也可追加 badge-primary/success/warning/danger 等顯示不同顏色）
text-danger	紅色文本		
text-white	白色文本	img-fluid	回應式圖片
bg-light	亮灰色背景	rounded	圖片、顯示邊框線的容器等顯示圓角

續表

類樣式名	作用效果	類樣式名	作用效果
bg-dark	黑色背景	table table-striped	隔行顯示不同背景色的表格
bg-white	白色背景	table table-bordered	顯示邊框線的表格
font-weight-bold	文本加粗	table table-hover	鼠標懸停行時顯示加深背景色的表格
border-top/bottom/left/right	在容器的上、下、左、右顯示邊框線	table-responsive	回應式表格

在使用上述類樣式時，直接將樣式名寫入標籤的 class 屬性即可，同一標籤可以根據需要同時設置多個類樣式，比如：<div class="bg-dark text-white text-center font-weight-bold">興義民族師範學院</div>。

1.5.2.3　佈局組件

組件可理解為由多個標籤組成的功能較為簡單的代碼塊。Bootstrap 內置了大量的組件，開發人員稍加修改即可使用。

例 1：麵包屑導航。

```
<nav aria-label="breadcrumb">
    <ol class="breadcrumb">
        <li class="breadcrumb-item"><a href="#">首頁</a></li>
        <li class="breadcrumb-item"><a href="#">新聞中心</a></li>
        <li class="breadcrumb-item active" aria-current="page">新聞列表</li>
    </ol>
</nav>
```

例 2：卡片。

```
<div class="card" style="width: 1rem;">
    <img class="card-img-top" src="...">
    <div class="card-body">
        <h5 class="card-title">卡片標題</h5>
        <p class="card-text">卡片內容</p>
    </div>
</div>
```

例 3：列表組。

```
<ul class="list-group">
    <li class="list-group-item">教務處</li>
    <li class="list-group-item">人事處</li>
```

```
        <li class="list-group-item">信息技術學院</li>
</ul>
```
　　例4：回應式表單佈局。
```
<div class="input-group mb-3">
    <div class="input-group-prepend">
        <span class="input-group-text">帳號</span>
    </div>
    <input type="text" class="form-control" placeholder="帳號可為用戶名或電話。"/>
</div>
<div class="input-group mb-3">
    <div class="input-group-prepend">
        <span class="input-group-text">密碼</span>
    </div>
    <input type="password" placeholder="登錄密碼。" class="form-control"/>
</div>
<div class="text-center">
<button class="btn btn-primary">登錄</button>  <button class="btn">重置</button>
</div>
```
　　例5：下拉菜單。
```
<div class="dropdown">
    <button type="button" class="btn dropdown-toggle" id="dropdownMenu1" data-toggle="dropdown">主題<span class="caret"></span></button>
    <ul class="dropdown-menu" role="menu" aria-labelledby="dropdownMenu1">
        <li role="presentation"><a role="menuitem" tabindex="-1" href="#">數據挖掘</a></li>
        <li role="presentation"><a role="menuitem" tabindex="-1" href="#">數據通信/網絡</a></li>
        <li role="presentation" class="divider"></li>
        <li role="presentation"><a role="menuitem" tabindex="-1" href="#">分離的連結</a></li>
    </ul>
</div>
```

1.5.2.4　插件

　　Bootstrap 中的插件用於實現一些相對複雜的功能模塊，在非 Bootstrap 環境下，這些功能的實現往往需要額外的 JavaScript 代碼作支撐，但是借助 Bootstrap 插件其實現過程將大大簡化。本節介紹 Tab 頁、手風琴效果、輪播圖和模態框功能的實現。

　　例1：Tab 頁（選項卡效果）。
```
<ul id="myTab" class="nav nav-tabs">
```

```html
        <li class="active"><a href="#home" data-toggle="tab">新聞</a></li>
        <li><a href="#ios" data-toggle="tab">通知</a></li>
</ul>
<div id="myTabContent" class="tab-content">
<div class="tab-pane fade in active" id="home">
<p>新聞列表</p>
    </div>
        <div class="tab-pane fade" id="ios">
            <p>通知列表</p>
    </div>
</div>
```

例2：手風琴效果。

```html
<div class="panel-group" id="panel-1">
<div class="panel panel-default">
        <div class="panel-heading">
        <a class="panel-title" data-toggle="collapse" data-parent="#panel-1" href="#panel-element-1">系統管理</a>
    </div>
            <div id="panel-element-1" class="panel-collapse in">
                <div class="panel-body">關鍵參數設置</div>
                <div class="panel-body">用戶角色管理</div>
            </div>
    </div>
        <div class="panel panel-default">
<div class="panel-heading">
            <a class="panel-title collapsed" data-toggle="collapse" data-parent="#panel-1" href="#panel-element-2">新聞管理</a>
        </div>
        <div id="panel-element-2" class="panel-collapse collapse">
            <div class="panel-body">新聞欄目管理</div>
            <div class="panel-body">新聞內容管理</div>
</div>
</div>
</div>
```

例3：輪播圖。

```html
<div class="carousel slide" data-ride="carousel">
    <ul class="carousel-indicators"><!-- 指示符 -->
        <li data-target="#demo" data-slide-to="0" class="active"></li>
        <li data-target="#demo" data-slide-to="1"></li>
```

```html
        </ul>
        <div class="carousel-inner"><!-- 輪播圖片 -->
            <div class="carousel-item active">
                <img class="img-fluid" src="img/default1.jpg">
            </div>
            <div class="carousel-item">
                <img class="img-fluid" src="img/default2.jpg">
            </div>
        </div>
        <!-- 左右切換按鈕 -->
        <a class="carousel-control-prev" href="#demo" data-slide="prev">
            <span class="carousel-control-prev-icon"></span>
        </a>
        <a class="carousel-control-next" href="#demo" data-slide="next">
            <span class="carousel-control-next-icon"></span>
        </a>
</div>
```

例4：模態框（全屏彈窗）。

```html
<button type="button" class="btn btn-primary" data-toggle="modal" data-target="#myModal">
    打開全屏窗口
</button>
<!-- 模態框 -->
<div class="modal fade" id="myModal">
    <div class="modal-dialog modal-lg">
        <div class="modal-content">
            <div class="modal-header">
                <h4 class="modal-title">頭部</h4>
                <button type="button" class="close" data-dismiss="modal">&times;</button>
            </div>
            <div class="modal-body">
                主體內容
            </div>
            <div class="modal-footer">
                <button type="button" class="btn btn-secondary" data-dismiss="modal">關閉</button>
            </div>
        </div>
    </div>
```

    </div>
  </div>

此例中，除了在按鈕中設置" data-toggle＝'modal' data-target＝'#myModal' "來實現點擊之後出現彈窗外，還可以使用 JavaScript 代碼來手動控制彈窗的開關，具體如下：

```
$（function（）｛
    $（"#btn"）.click（function（）｛
        $（"#myModal"）.modal（"show/hide"）；//show 表示出現彈窗，hide 表示關閉彈窗
    ｝）
｝）
```

習題

1. 引入插件，用 Bootstrap 實現網頁中常見的頁面效果。

（1）靜態模態框。

```
<body>
<div class="container">
    <div class="modal show">
        <div class="modal-dialog">
            <div class="modal-content">
                <div class="modal-header">
                    <button class="close">&times;</button>
                    <h3>提示信息</h3>
                </div>
                <div class="modal-body">
                    <p>你確定要走么？</p>
                </div>
                <div class="modal-footer">
                    <button class="btn btn-primary">猶豫一下</button>
                    <button class="btn btn-danger">別再煩我</button>
                </div>
            </div>
        </div>
    </div>
</div>
</body>
```

頁面效果如下：

（2）分頁。

```
<div class="container">
    <ul class="pagination">
        <li><span>&laquo;</span></li>
        <li class="active"><a href="#">1</a></li>
        <li><a href="#">2</a></li>
        <li><a href="#">3</a></li>
        <li><a href="#">4</a></li>
        <li><a href="#">5</a></li>
        <li><span>&raquo;</span></li>
    </ul>
</div>
```

頁面效果如下：

（3）徽章（比如聊天 APP 中的未讀消息）。

```
<body>
    <div class="container">
        <button class="btn btn-success">
            聊天<span class="badge">99+</span>
        </button>
    </div>
</body>
```

頁面效果如下：

（4）進度條。

```
<body>
    <div class="container">
        <div class="progress">
            <div class="progress-bar" style="width: 50%;">50%</div>
        </div>
        <!--狀态-->
        <div class="progress">
            <div class="progress-bar progress-bar-success" style="width: 50%;">50%</div>
        </div>
        <div class="progress">
            <div class="progress-bar progress-bar-info" style="width: 50%;">50%</div>
        </div>
        <div class="progress">
            <div class="progress-bar progress-bar-danger" style="width: 50%;">50%</div>
        </div>
        <!--條紋效果-->
        <div class="progress">
            <div class="progress-bar progress-bar-warning progress-bar-striped" style="width: 50%;">50%</div>
        </div>
        <!--條紋動畫效果-->
        <div class="progress">
            <div class="progress-bar progress-bar-danger progress-bar-striped active" style="width: 50%;">50%</div>
        </div>
        <!--堆疊效果-->
        <div class="progress">
            <div class="progress-bar progress-bar-info" style="width: 50%;">50%</div>
            <div class="progress-bar progress-bar-warning" style="width: 30%;">30%</div>
        </div>
    </div>
</body>
```

運行效果如下：

2. 實現 Bootstrap 下拉菜單多級聯動（三級）。

2 C#語言基礎

C#是微軟公司發布的一種面向對象、運行於.NET Framework之上的高級程序設計語言。C#是一種安全的、穩定的、簡單的、由C和C++衍生出來的面向對象的編程語言。C#是為公共語言基礎結構（CLI）設計的，CLI由可執行代碼和運行時的環境組成，允許在不同的計算機平臺和體系結構上使用各種高級語言。

C#語言的特點：
（1）簡潔的語法；
（2）與Web的緊密結合；
（3）完整的安全性與錯誤處理；
（4）靈活性與兼容性；
（5）結構化語言；
（6）Net框架的一部分。

2.1 C#語言環境

C#語言應該讀作C Sharp，就是C形狀。在這一節中，我們將介紹創建C#編程所需的工具。C#語言的框架是.net framework框架。因此，在討論運行C#程序的可用工具之前，我們需要先瞭解一下C#與.Net框架之間的關係。

2.1.1 NET框架（.Net Framework）

.Net Framework框架是Microsoft公司推出的完全面向對象的軟件開發與運行平臺，是一個多語言組件開發和執行環境，它提供了一個跨語言的統一編程環境。.NET框架的目的是便於開發人員更容易地建立Web應用程序和Web服務，使得Internet上的各應用程序之間，可以使用Web服務進行溝通。

.Net Framework框架應用程序是多平臺的應用程序。框架的設計方式使它適用於下列各種語言：C#、C++、Visual Basic、Jscript、COBOL等。

.Net Framework 主要組件是類庫，可以利用它開發多種應用程序，包括傳統的命令行、圖形用戶界面應用程序、web 窗體。

2.1.2 C#的開發工具

Microsoft 提供了下列用於 C# 編程的開發工具：
(1) Visual Studio 2010（VS）；
(2) Visual C# 2010 Express（VCE）；
(3) Visual Web Developer。
在本教材中，我們使用的是 Visual Studio 2010（VS）。

2.1.3 編譯和執行 C#程序

使用 Visual Studio.Net 編譯和執行 C# 程序，步驟如下：
①啓動 Visual Studio。
②在菜單欄上，選擇文件－新建－項目。
③彈出新建項目對話框，從模板選擇 visual C#。
④選擇控制臺應用程序，輸入項目名稱，點擊確定按鈕。
⑤在代碼編輯器（Code Editor）中編寫代碼，如圖 2.1 所示。

```
namespace aa
{
    class Program
    {
        static void Main(string[] args)
        {
            Console.Write("Hello World!");
            Console.Read();
        }
    }
}
```

圖 2.1　C#編寫代碼實例

⑥點擊 Run 按鈕或者按下 F5 鍵來運行程序。會出現一個命令提示符窗口（Command Prompt window），顯示 Hello World。

2.2　C#基本語法

C#是一種面向對象的編程語言，主要用於開發可以在.NET 平臺上運行的應用程序。

【例2.1】以三角形對象為例，它具有 bottom 和 high 屬性，利用該屬性可以計算三角形面積 area。程序代碼如下：

using System;
using System.Collections.Generic;

```
using System.Linq;
using System.Text;
namespace aa
{
    public class triangle
    {
        double buttom=5;
        double high=3;
        double area;
        public double getarea()
        {
            area=(buttom * high)/2;  //計算三角形的面積
            return area;
        }
        public void display()  /*輸出buttom, high 和 area
            「buttom：{0}」裡面為普通字符和格式控制*/
        {
            Console.WriteLine("buttom：{0}", buttom);
            Console.WriteLine("high：{0}", high);
            Console.WriteLine("area：{0}", area);
        }
    }
    class Executetriangle
    {
        static void Main(string[] args)
        {
            triangle r = new triangle();
            r.getarea();
            r.display();
            Console.Read();
        }
    }
}
```

當上面的代碼被編譯和執行時，該程序的產生結果如圖 2.2 所示。

```
buttom:5
high:3
area:7.5
```

圖 2.2　程序運行結果

例題講解：

using 關鍵字：using 關鍵字用於程序中引入命名空間，一個程序可以包含多個 using 語句。

Class 關鍵字：class 關鍵字用於聲明一個類。

C#中的註釋：註釋是用於解釋代碼。在 C# 程序中，多行註釋以 /* 開始，並以字符 */ 終止，如：/* 輸出 buttom，high 和 area。

「buttom：{0}」裡面為普通字符和格式控制 */。

單行註釋是用 // 符號表示，如：// 計算三角形的面積。

標示符：標示符是用來識別類、變量、函數或任何其它用戶定義的項目。

在 C# 中，類的命名必須遵循如下基本規則：

①標示符必須以字母、下劃線或@開頭，後面可以跟一系列的字母、數字（0-9）、下劃線（_）、@。

②標示符中的第一個字符不能是數字。

③標示符不包含任何嵌入的空格或符號，比如 ? - +! # % ^ & * ( ) [ ] { } . ; : " ' / \ 。

④標示符不能是 C# 關鍵字。除非它們有一個 @ 前綴。例如，@if 是有效的標示符，但 if 不是，因為 if 是關鍵字。

⑤標示符必須區分大小寫。大寫字母和小寫字母被認為是不同的字符。

⑥不能與 C#的類庫名稱相同。

2.2.1　C# 數據類型

2.2.1.1　值類型

值類型表示實際的數據，存儲在堆棧中。比如 int、char、float，它們分別存儲整型數、字符、浮點數。當聲明一個 int 類型時，系統分配 int 型數字對應的存儲空間來存儲值，同時將一個值類型變量賦給另一個值類型變量時，將複製包含的值，對其中一個變量操作時，不影響其他變量。

值類型如表 2.1 所示：

表 2.1　值類型

類型	位數	範圍
bool		True 或 False
byte	8 位無符號整數	0 到 255
char	16 位 Unicode 字符	U +0000 到 U +ffff
decimal	128 位精確的十進制值	$\pm 1.0 \times 10^{-28}$ 到 $\pm 7.9 \times 10^{28}$
double	64 位雙精度浮點型	$\pm 5.0 \times 10-324$ 到 $\pm 1.7 \times 10, 308$
float	32 位單精度浮點型	-3.4×10^{38} 到 $+ 3.4 \times 10^{38}$
int	32 位有符號整數類型	−2147483648 到 2147483647
long	64 位有符號整數類型	−9223372036854775808 到 9223372036854775807

续表

類型	位數	範圍
sbyte	8 位有符號整數類型	-128 到 127
short	16 位有符號整數類型	-32768 到 32767
uint	32 位無符號整數類型	0 到 4294967295
ulong	64 位無符號整數類型	0 到 18446744073709551615
ushort	16 位無符號整數類型	0 到 65535

在一般情況下，我們要根據實際需要選擇數據的值類型。如需得到一個類型或一個變量在特定平臺上的準確尺寸，可以使用 sizeof 方法。

【例 2.2】輸出相應數據類型所占字節數。程序代碼如下：

```
using System;
using System.Collections.Generic;
using System.Linq;
using System.Text;
namespace ConsoleApplication7
{
    class Program
    {
        static void Main(string[] args)
        {
            Console.WriteLine("int 的位數：{0}", sizeof(int));
            Console.ReadLine();
        }
    }
}
```

當上面的代碼被編譯和執行時，結果如下：
int 的位數：4

2.2.1.2 引用類型

引用類型表示指向數據的指針或引用，不包含存儲在變量中的實際數據。換句話說，它們指向的是一個內存位置。使用多個變量時，引用類型可以指向一個內存位置。如果內存位置的數據是由一個變量改變的，其他變量會自動反應這種值的變化。

2.2.1.3 對象類型

Object 是 System.Object 類的別名。所以對象類型可以被分配任何其他類型（值類型、引用類型、預定義類型或用戶自定義類型）的值。但是，在分配值之前，我們需要先對其進行類型轉換。

當一個值類型轉換為對象類型時，這一過程則被稱為裝箱；當一個對象類型轉換為值類型時，這一過程則被稱為拆箱。

【例 2.3】裝箱和拆箱。程序代碼如下：

```
using System;
using System.Collections.Generic;
using System.Linq;
using System.Text;
namespace ConsoleApplication7
{
    class Program
    {
        static void Main（string［］args）
        {
            int i = 20;
            object obj = i;        //裝箱
            int j = (int) obj;     //拆箱
            Console.WriteLine（j）;
            Console.WriteLine（obj）;
            Console.Read（）;
        }
    }
}
```

2.2.1.4 字符串類型

字符串類型是 System.String 類的別名，可以存取任意長度的字符串。字符串類型的值可以通過兩種形式進行分配：引號和 @ 引號。如：

String str = "runoob.com";

C# string 字符串的前面可以加 @（稱作"逐字字符串"）將轉義字符（\）當作普通字符對待，比如：

string str = @"C：\Windows";

等價於：

string str = "C：\\Windows";

2.2.1.5 指針類型

指針類型是變量存儲另一變量的內存地址。

聲明指針類型的語法。

type * 變量名;

當在同一個聲明中聲明多個指針時，* 僅與基礎類型一起使用，而不是作為每個指針名稱的前綴。例如：

int * p1, p2, p3;

指針不能指向引用或包含引用的 struct，因為即使有指針指向對象引用，該對象引用也無法執行垃圾回收。

myType * 類型的指針變量的值是 myType 類型的變量的地址。指針類型聲明的示例如表 2.2 所示：

表 2.2　指針類型聲明

示例	說明
int * p	p 是指向整數的指針
int * * p	p 是指向整數的指針的指針
int * [ ] p	p 是指向整數的指針的一維數組
char * p	p 是指向字符的指針
void * p	p 是指向未知類型的指針

2.2.2　C#類型轉換

類型轉換是把數據從一種類型轉換為另一種類型。在 C# 中，類型轉換有兩種形式：

①隱式類型轉換。它不需要聲明就能進行的轉換。隱式轉換是 C# 默認的以安全方式進行的轉換，從 int、uint、long、ulong 到 float，以及從 long 或 ulong 到 double 的轉換可能導致精度損失，但不會影響其數量級。其他隱式轉換不會丟失任何信息。

②顯式類型轉換。顯式類型轉換也稱為強制類型轉換，它需要在代碼中明確地聲明要轉換的類型。顯式轉換需要強制轉換運算符，而且強制轉換會造成數據丟失。

【例 2.4】以下是顯示轉換的實例，程序代碼如下：

```
using System;
using System.Collections.Generic;
using System.Linq;
using System.Text;
namespace ConsoleApplication8
{
    class Program
    {
        static void Main（string [ ] args）
        {
            double a = 4563.643;
            int i;
            // 強制轉換 double 為 int
            i = (int) a;
            Console.WriteLine（i）;
            Console.ReadLine（）;
        }
    }
}
```

當上面的代碼被編譯和執行時，結果為：
4563

同時把一個 double 型數據轉換為 int 型數據也可以採用以下方法。

double d = 4563.65;

int i = Convert.ToInt32（d）;

C# 提供了如表 2.3 所示內置的類型轉換方法：

表 2.3　內置類型轉換方法

序號	描述
1	ToBoolean 把類型轉換為布爾型
2	ToByte 把類型轉換為字節類型
3	ToChar 把類型轉換為單個 Unicode 字符類型
4	ToDateTime 把類型（整數或字符串類型）轉換為日期時間類型
5	ToDecimal 把浮點型或整數類型轉換為十進制類型
6	ToDouble 把類型轉換為雙精度浮點型
7	ToInt16 把類型轉換為 16 位整數類型
8	ToInt32 把類型轉換為 32 位整數類型
9	ToInt64 把類型轉換為 64 位整數類型
10	ToSbyte 把類型轉換為有符號字節類型
11	ToSingle 把類型轉換為小浮點數類型
12	ToString 把類型轉換為字符串類型
13	ToType 把類型轉換為指定類型
14	ToUInt16 把類型轉換為 16 位無符號整數類型
15	ToUInt32 把類型轉換為 32 位無符號整數類型
16	ToUInt64 把類型轉換為 64 位無符號整數類型

【例 2.5】把不同值的類型轉換為日期類型，計算兩個日期時間差。程序代碼如下：

```
using System;
using System.Collections.Generic;
using System.Linq;
using System.Text;
namespace ConsoleApplication8
{
    class Program
    {
        static void Main（string [] args）
        {
            DateTime dt1 = Convert.ToDateTime（"2019-7-27,00：00：00"）;
            DateTime dt2 = Convert.ToDateTime（"2019-7-28,00：00：00"）;
```

```
            TimeSpan ts = dt2.Subtract（dt1）;
            Console.WriteLine（ts.TotalSeconds）;
            Console.Read（）;
        }
    }
}
```

2.3 變量

變量是指在程序運行過程中其值可以不斷變化的量，其命名必須符合標示符的命名規則。

2.3.1 變量定義

聲明變量的形式如下：

AccessModifier DateType VariableName_list;

如：private int a;

AccessModifier（作用域修飾符）

Public：公共的

Private：私有的

Protected：受保護的

DateType：數據類型

VariableName_list：變量名，可以由一個或多個用逗號分隔的標示符名稱組成，變量名不能與任何C#語言關鍵字同名。

如：int int=0;   //錯誤
    int i, j, k;   //正確
    char c, ch;   //正確
    float f, salary;   //正確
    double d;   //正確

2.3.2 變量初始化

變量通過在等號後跟一個常量表達式進行初始化。初始化的一般形式為：

variablename = value;

變量可以在聲明時被初始化。初始化由一個等號後跟一個常量表達式組成，如下所示：

DateType VariableName= value;

例如：

int a = 5, b = 7;   /* 定義a, b變量，並初始化a為5, b為7 */
byte c = 2;   /* 定義變量c, 並初始化c為2 */

```
char ch = 'x';            /* 定義變量 ch，並初始化 ch 的值為 'x' */
```

變量在程序運行過程中其值可以改變，如何接受用戶從鍵盤輸入的值。System 命名空間中的 Console 類提供了一個函數 ReadLine ()，用於接收來自用戶的輸入，並把它存儲到一個變量中。

【例2.6】從鍵盤輸入一個數值，賦值給相應變量，然後輸出。程序代碼如下：

```
using System;
using System.Collections.Generic;
using System.Linq;
using System.Text;
namespace ConsoleApplication8
{
    class Program
    {
        static void Main (string [] args)
        {
            int a;
            a = Convert.ToInt32 (Console.ReadLine ());
            Console.Write ("a 的值為 a {0}", a);
            Console.Read ();
        }
    }
}
```

函數 Convert.ToInt32 () 把用戶輸入的數據轉換為 int 數據類型，因為 Console.ReadLine () 只接受字符串格式的數據。

2.4 常量

常量也稱為常數，程序執行過程中其值保持不變的量。常量可以是任何基本數據類型，比如整數常量、浮點常量、字符常量或者字符串常量，還有枚舉常量；這些常量在 C 語言中已著重講解，在此不再重述，本節主要講解符號常量的使用方法。

2.4.1 符號常量

符號常量是通過 const 關鍵字來定義的，符號常量必須在聲明時初始化。定義一個常量的語法如下：

```
const data_type constant_name = value;
```

【例2.7】常量的定義和使用。程序代碼如下：

```
using System;
using System.Collections.Generic;
```

```
using System.Linq;
using System.Text;
namespace ConsoleApplication8
{
    class Program
    {
        class constant_name
        {
            public int x = 10;
            public int y = 20;
            public const int c1 = 5;
            public const int c2 = c1 + 5;
        }

        static void Main ( string [ ] args )
        {
            constant_name cn = new constant_name ( );
            Console.WriteLine ( "x = {0}, y = {1}", cn.x, cn.y );
            Console.WriteLine ( "c1 = {0}, c2 = {1}", constant_name.c1, constant_name.c2 );
            Console.Read ( );
        }
    }
}
```

當上面的代碼被編譯和執行時，它會產生下列結果：

x = 10, y = 20
c1 = 5, c2 = 10

2.5 運算符

運算符是一個符號，告訴編譯器執行特定的數學或邏輯操作。C#中含有豐富的內置運算符，並提供以下類型的運算符：算術運算符、關係運算符、邏輯運算符、位運算符、賦值運算符、其他運算符。

2.5.1 算術運算符

算術運算符包括「+」「-」「*」「/」「%」「++」「--」，用算術運算符把數值連接在一起，符合 C#語法的表達式稱為算術表達式。算術運算符及算術表達式詳細說明如表2.4所示。

表 2.4 算術運算符與算術表達式

運算符	描述	表達式	值
+	把兩個操作數相加	4 + 5	9
-	從第一個操作數中減去第二個操作數	5 - 4	1
*	把兩個操作數相乘	4 * 5	20
/	分子除以分母	5 / 4	1
%	取模運算符，整除後的餘數	5 % 4	1
++	自增運算符，整數值增加 1	int a=3, ++a	4
--	自減運算符，整數值減少 1	int a=3, --a	2

【例 2.8】算術運算符和算術表達式實例。程序代碼如下：

```
using System;
using System.Collections.Generic;
using System.Linq;
using System.Text;
namespace ConsoleApplication8
{
    class Program
    {
        static void Main（string［］args）
        {
            int a = 20;
            int b = 30;
            int c;
            c = a + b;
            Console.WriteLine（"a+b= {0}", c）;
            c = a - b;
            Console.WriteLine（"a-b= {0}", c）;
            c = a * b;
            Console.WriteLine（"a*b= {0}", c）;
            c = a / b;
            Console.WriteLine（"a/b= {0}", c）;
            c = a % b;
            Console.WriteLine（"a%b= {0}", c）;
            c = ++a; // ++a 先進行自增運算再賦值
            Console.WriteLine（"++a 的值為 a {0}", c）;
            c = a--; // a-- 先賦值再進行自減運算
            Console.WriteLine（"a-- 的值為 a {0}", c）;
```

```
            Console. ReadLine ( );
        }
    }
}
```

當上面的代碼被編譯和執行時，程序運行的結果如圖 2.3 所示：

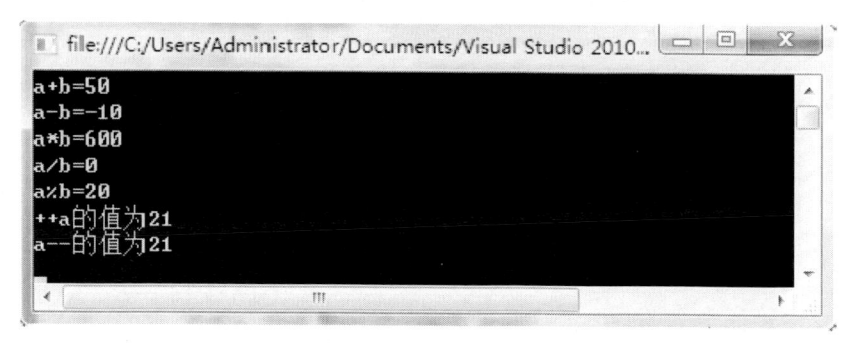

圖 2.3　程序運行結果

2.5.2　關係運算符

關係運算符包括「＝＝」「！＝」「＜」「＞」「＜＝」「＞＝」等，用關係運算符把運算對象連接起來，符合 C# 語法的式子稱為關係表達式。關係運算符及關係表達式的詳細說明如表 2.5 所示。

表 2.5　關係運算符與關係表達式

運算符	描述	表達式	值
＝＝	檢查兩個操作數的值是否相等，如果相等則條件為真	4＝＝5	false
！＝	檢查兩個操作數的值是否相等，如果不相等則條件為真	4！＝5	true
＞	檢查左操作數的值是否大於右操作數的值，如果是則條件為真	4＞5	false
＜	檢查左操作數的值是否小於右操作數的值，如果是則條件為真	4＜5	true
＞＝	檢查左操作數的值是否大於或等於右操作數的值，如果是則條件為真	4＞＝5	false
＜＝	檢查左操作數的值是否小於或等於右操作數的值，如果是則條件為真	4＜＝5	true

2.5.3　邏輯運算符

邏輯運算符包括「&」「||」「!」「^」，用邏輯運算符把運算對象連接起來，符合 C# 語法的式子稱為邏輯表達式。邏輯表達式返回值為布爾型，邏輯運算符及邏輯表達式的詳細說明如表 2.6 所示：

表 2.6　邏輯運算符與邏輯表達式

運算符	描述	實例	值類型
&&	邏輯與運算符。如果兩個操作數都非零，則結果為真	A && B	布爾值
||	邏輯或運算符。如果兩個操作數中有任意一個非零，則結果為真	A || B	布爾值
!	邏輯非運算符。用來逆轉操作數的邏輯狀態。如果條件為真則邏輯非運算符將使其為假	A && B	布爾值
^	異或運算符。如果兩個操作數一個為真，另一個為假，則結果為真。兩個為真或兩個為假結果為假	A ^ B	布爾值

邏輯運算符對表達式 a 和 b 的操作結果如表 2.7 所示：

表 2.7　邏輯運算符真值表

a	b	a&&b	a||b	!a	a^b
false	false	false	false	true	false
false	true	false	true	true	true
true	false	false	true	false	true
true	true	true	true	false	false

2.5.4　位運算符

位運算符將它的操作數看作一個二進制位的集合，每個二進制位可以取值 0 或 1。位運算符包括「<<」「>>」「&」「|」「^」「~」，位運算符及位表達式的詳細說明如表 2.8 所示：

表 2.8　位運算符與位表達式

運算符	描述	實例	值
>>	左移運算符。其功能把「<<」左邊的運算數的各二進位全部左移若干位，由「<<」右邊的數指定移動的位數，高位丟棄，低位補 0	int a=3；a<<4	48
<<	右移運算符。其功能是把「>>」左邊的運算數的各二進位全部右移若干位，「>>」右邊的數指定移動的位數	int a=15；a>>2	3
&	位與運算符。其功能是參與運算的兩數各對應的二進位相與。只有對應的兩個二進位均為 1 時，結果位才為 1，否則為 0	int a = 2，b=3；a & b	2
|	位或運算符。其功能是參與運算的兩數各對應的二進位相或。只要對應的二個二進位有一個為 1 時，結果位就為 1	int a = 2，b=3；a|b	3
^	位異或運算符。其功能是參與運算的兩數各對應的二進位相異或，當兩對應的二進位相異時，結果為 1	int a = 2，b=3；a ^ b	1
~	求反運算符，具有右結合性。其功能是對參與運算的數的各二進位按位求反	int a = -9；~a	8

說明：

例如：9&5 可寫算式如下：00001001（9 的二進制補碼）&00000101（5 的二進制補碼）結果為 00000001（1 的二進制補碼），可見 9&5＝1。

2.5.5 賦值運算符

賦值運算符用於為變量、屬性、事件或索引器元素賦新值，C#中的賦值運算符包括「＝」「＋＝」「－＝」「＊＝」「／＝」「％＝」「＜＜＝」「＞＞＝」「＆＝」「＾＝」「｜＝」等，賦值運算符及賦值表達式的詳細說明如表 2.9 所示：

表 2.9　賦值運算符與賦值表達式

運算符	描述	實例
＝	簡單的賦值運算符，把右邊操作數的值賦給左邊操作數	C = A + B 將把 A + B 的值賦給 C
＋＝	加且賦值運算符，把右邊操作數加上左邊操作數的結果賦值給左邊操作數	C += A 相當於 C = C + A
－＝	減且賦值運算符，把左邊操作數減去右邊操作數的結果賦值給左邊操作數	C -= A 相當於 C = C - A
＊＝	乘且賦值運算符，把右邊操作數乘以左邊操作數的結果賦值給左邊操作數	C *= A 相當於 C = C * A
／＝	除且賦值運算符，把左邊操作數除以右邊操作數的結果賦值給左邊操作數	C /= A 相當於 C = C / A
％＝	求模且賦值運算符，求兩個操作數的模賦值給左邊操作數	C %= A 相當於 C = C % A
＜＜＝	位左移且賦值運算符	C <<= 2 等同於 C = C << 2
＞＞＝	位右移且賦值運算符	C >>= 2 等同於 C = C >> 2
＆＝	按位與且賦值運算符	C &= 2 等同於 C = C & 2
＾＝	按位異或且賦值運算符	C ^= 2 等同於 C = C ^ 2
｜＝	按位或且賦值運算符	C |= 2 等同於 C = C | 2

【例 2.9】C# 中所有的賦值運算符和賦值表達式實例的程序代碼如下：

```
using System;
using System.Collections.Generic;
using System.Linq;
using System.Text;
namespace ConsoleApplication8
{
    class Program
    {
        static void Main（string［］args）
        {
            int a = 15;
```

```
            int c;
            c = a;
            Console.WriteLine ("c = {0}", c);
            c += a;
            Console.WriteLine ("c+a = {0}", c);
            c -= a;
            Console.WriteLine ("c-a = {0}", c);
            c *= a;
            Console.WriteLine ("c*a = {0}", c);
            c /= a;
            Console.WriteLine ("c/a = {0}", c);
            c = 100;
            c %= a;
            Console.WriteLine ("c%a = {0}", c);
            c <<= 2;
            Console.WriteLine ("c 左移兩位的值 = {0}", c);
            c >>= 2;
            Console.WriteLine ("c 右移兩位的值 = {0}", c);
            c &= 2;
            Console.WriteLine ("c&2 = {0}", c);
            c ^= 2;
            Console.WriteLine ("c^2 = {0}", c);
            c |= 2;
            Console.WriteLine ("c | 2 = {0}", c);
            Console.ReadLine ();
        }
    }
}
```

當上面的代碼被編譯和執行時，執行結果如圖 2.4 所示：

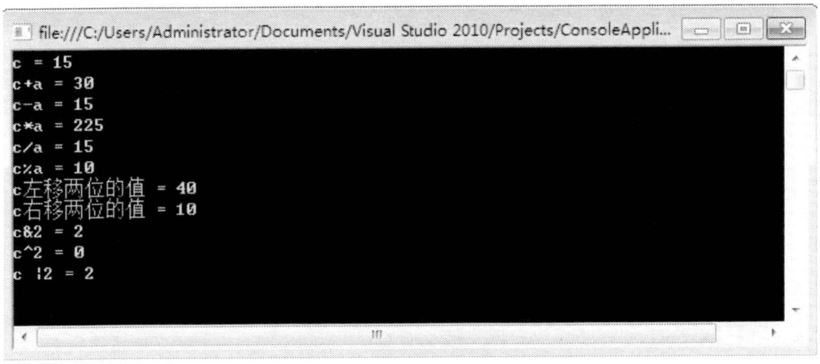

圖 2.4　程序運行結果

2.5.6 其他運算符

其他運算符主要包括「sizeof」「&」「?:」「as」等運算符。它們的詳細說明如表 2.10 所示：

表 2.10　其他運算符

運算符	描述	實例	值
sizeof ()	返回數據類型的大小	sizeof (int)	4
&	返回變量的地址	&a	返回變量的地址
?:	條件表達式	a>b? x : y	如果 a>b 成立，返回 x，否則返回 y
as	強制轉換，即使轉換失敗也不會拋出異常	string s = someObject as string	

2.5.7 運算符的優先級

當表達式包含多個運算符時，運算符的優先級控制著各個運算符執行的順序，這會影響到一個表達式如何計算及計算後的結果。某些運算符比其他運算符有更高的優先級，例如，乘除運算符具有比加減運算符更高的優先級。

表 2.11 將按運算符優先級從高到低列出各個運算符，具有較高優先級的運算符出現在表格的上面，具有較低優先級的運算符出現在表格的下面。在表達式中，較高優先級的運算符會優先被計算。

表 2.11　運算符的優先級

類別	運算符	結合性
基本	f (x)、a [x]、x.y、x++、x--、new、typeof	從右到左
單目	+、-、!、~、++、--、&、sizeof	從左到右
乘除	*、/、%	從左到右
加減	+、-	從左到右
移位	<<、>>	從左到右
關係	<、<=、>、>=	從左到右
相等	==、!=	從左到右
位與	&	從左到右
位異或	^	從左到右
位或	|	從左到右
邏輯與	&&	從左到右
邏輯或	||	從左到右
條件	?:	從右到左
賦值	=、+=、-=、*=、/=、%=、>>=、<<=、&=、^=、|=	從右到左
逗號	,	從左到右

2.6 條件結構

2.6.1 if 語句

一個 if 語句由一個布爾表達式後跟一個或多個語句組成。
C# 中 if 語句的語法：
if (布爾表達式)
{
代碼段　　 /* 如果布爾表達式為真將執行的語句 */
}
如果布爾表達式為 true，則 if 語句內的代碼塊將被執行。如果布爾表達式為 false，則 if 語句結束後的第一組代碼將被執行。執行過程如圖 2.5 所示。

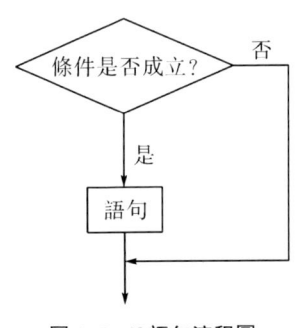

圖 2.5　if 語句流程圖

【例 2.10】從鍵盤輸入一分數，如果分數大於等於 60，輸出該分數已及格。程序代碼如下：

```
using System;
using System.Collections.Generic;
using System.Linq;
using System.Text;
namespace ConsoleApplication8
{
    class Program
    {
        static void Main ( string [ ] args )
        {
            int score = Convert.ToInt32 ( Console.ReadLine ( ) );
            /* 使用 if 語句檢查布爾條件 */
```

```
            if ( score >= 60 )
             {
                  / * 如果條件為真，則輸出下面的語句 * /
                  Console.WriteLine ( "該分數已及格" ) ;
             }
             Console.WriteLine ( "score 的值是 {0}" , score ) ;
             Console.ReadLine ( ) ;
        }
    }
```

2.6.2　if...else 語句

if...else 語句是控制在某個條件下，程序才執行某個功能，否則執行另一個功能。C#中 if...else語句的語法：

```
if (布爾表達式)
{
    代碼段1    / * 如果布爾表達式為真將執行的語句 * /
}
else
{
    代碼段2    / * 如果布爾表達式為假將執行的語句 * /
}
```

如果布爾表達式為 true，則執行代碼段 1。如果布爾表達式為 false，則執行代碼段 2。執行過程如圖 2.6 所示：

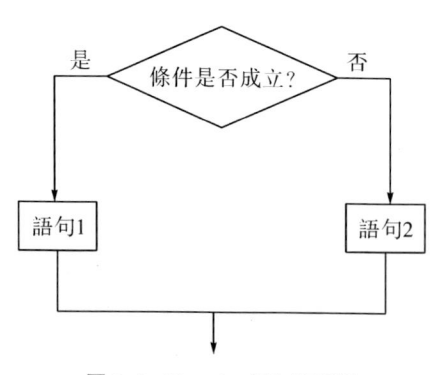

圖 2.6　if...else 語句流程圖

【例2.11】從鍵盤輸入一分數，如果分數大於等於 60，輸出該分數已及格；否則輸出該分數不及格。程序代碼如下：

```
using System;
```

```
using System. Collections. Generic;
using System. Linq;
using System. Text;
namespace ConsoleApplication8
{
    class Program
    {
        static void Main（string [ ] args）
        {
            int score = Convert. ToInt32（Console. ReadLine（））;
            /* 使用 if 語句檢查布爾條件 */
            if（score >= 60）
            {
                /* 如果條件為真，則輸出下面的語句 */
                Console. WriteLine（"該分數已及格"）;
            }
            else
            {
                /* 如果條件為假，則輸出下面的語句 */
                Console. WriteLine（"該分數不及格"）;
            }
            Console. WriteLine（"score 的值是 {0}", score）;
            Console. ReadLine（）;
        }
    }
}
```

2.6.3 多分支選擇結構

if...else 語句是控制在某個條件下才執行某個功能，其語法格式為：
if（布爾表達式 1）
{
　代碼段 1　　/* 如果布爾表達式 1 為真將執行的語句 */
}
else if（布爾表達式 2）
{
　代碼段 2　/* 如果布爾表達式 2 為真將執行的語句 */
}
else if（布爾表達式 3）
{
　代碼段 3　/* 如果布爾表達式 3 為真將執行的語句 */
}
else
{

代碼段 n   /* 如果以上表達式都為假將執行的語句 */
}

如果條件 1 表達式為真，則執行程序塊 1；如果條件 1 表達式為假，則判斷條件 2 表達式，如果條件 2 表達式為真，則執行程序塊 2；如果條件 2 表達式為假，則判斷條件 3 表達式，依次類推；如果以上表達式都為假將執行程序塊 n。執行過程如圖 2.7 所示：

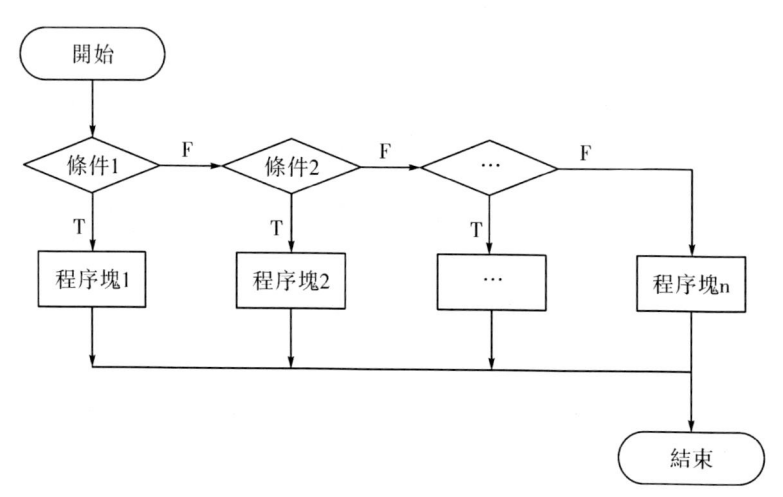

圖 2.7　多分支選擇結構流程圖

【例 2.12】輸入一個字符，判斷是大寫字母、小寫字母、數字還是其他字符。程序代碼如下：

```
using System;
using System. Collections. Generic;
using System. Linq;
using System. Text;
namespace ConsoleApplication8
{
    class Program
    {
        static void Main（string [ ] args）
        {
            char ch = Convert. ToChar（Console. ReadLine（））;
            string s = "";
            if（char. IsLower（ch））
                s ="小寫字母";
            else if（char. IsUpper（ch））
                s ="大寫字母";
            else if（char. IsNumber（ch））
```

```
                    s ="數字";
            else
                    s ="其他字符";
    Console. WriteLine（s）;
    Console. ReadLine（）;
        }
    }
}
```

【例2.13】從鍵盤輸入一個分數，輸出成績的等級。（90~100 為「優秀」，80~89 為「良好」，70~79 為「中等」，60~69 為」及格」，60 分以下為「不及格」），程序代碼如下：

```
using System;
using System. Collections. Generic;
using System. Linq;
using System. Text;
namespace ConsoleApplication8
{
        class Program
        {
                static void Main（string [ ] args）
                {
                    int a = Convert. ToInt32（Console. ReadLine（））;
                    string s = "";
                    if（a >= 90）
                            s ="優秀";
                    else if（a >= 80）
                            s ="良好";
                    else if（a >= 70）
                            s ="中等";
                    else if（a >= 60）
                            s ="及格";
                    else
                            s ="不及格";
                    Console. WriteLine（s）;
                    Console. ReadLine（）;
                }
        }
}
```

2.6.4 嵌套 if 語句

if 語句裡面還有 if 語句，就叫嵌套 if 語句。C# 中嵌套 if 語句的語法：

```
if (布爾表達式 1)
{
    /* 當布爾表達式 1 為真時執行 */
    if (布爾表達式 2)
    {
        /* 當布爾表達式 2 為真時執行 */
    }
}
```

【例 2.14】用鍵盤輸入你的性別和年齡，輸出相應的信息。程序代碼如下：

```
using System;
using System.Collections.Generic;
using System.Linq;
using System.Text;
namespace ConsoleApplication8
{
    class Program
    {
        static void Main (string [] args)
        {
            Console.Write ("請輸入你的性別（男/女)");
            string sex = Console.ReadLine ();
            if (sex == "女")
            {
                Console.WriteLine ("美女你好！");
                Console.WriteLine ("請輸入你的年齡");
                int age = Convert.ToInt32 (Console.ReadLine ());
                if (age >= 18)
                {
                    Console.WriteLine ("女士你好！你的年齡大於或等於 18 歲。");
                }
                else
                {
                    Console.WriteLine (" 姑娘你好！你的年齡小於 18 歲。");
                }
            }
            else
            {
```

```
                Console.WriteLine ("帥哥你好!");
            }
            Console.ReadLine ();
        }
    }
}
```

2.6.5　switch 語句

　　switch 語句允許測試一個變量等於多個值時的情況。每個值稱為一個 case，且被測試的變量會對每個 switch case 進行檢查。
　　switch 語句的語法：
switch（表達式）
{
　　case 常量表達式 1：　　語句 1
　　case 常量表達式 2：　　語句 2
　　　　　　⋮
　　case 常量表達式 n：　　語句 n
　　default：　　　　　　　語句 n+1
}
　　switch 語句必須遵循下面的規則：
　　①switch 語句中的表達式必須是一個整型或枚舉類型，或者是一個 class 類型，其中 class 有一個單一的轉換函數可以將其轉換為整型或枚舉類型。
　　②在一個 switch 中可以有任意數量的 case 語句。每個 case 後跟一個要比較的值和一個冒號。
　　③case 的常量表達式必須與 switch 中的變量具有相同的數據類型，且必須是一個常量。
　　④當被測試的變量等於 case 中的常量時，case 後跟的語句將被執行，直至遇到 break 語句。
　　⑤當遇到 break 語句時，switch 終止，控制流將跳轉到 switch 語句後的下一行。
　　⑥不是每一個 case 都需要包含 break。如果 case 語句為空，則可以不包含 break，控制流將會繼續執行後續的 case，直到遇到 break 為止。
　　⑦C# 不允許從一個開關部分繼續執行到下一個開關部分。如果 case 語句中有處理語句，則必須包含 break 或其他跳轉語句。
　　⑧一個 switch 語句可以有一個可選的 default case，出現在 switch 的結尾。default case 可在上面所有 case 都不為真時執行一個任務。default case 中的 break 語句不是必需的。
　　【例 2.15】用鍵盤輸入一成績，並輸出成績的等級。程序代碼如下：
using System;
using System.Collections.Generic;

```
using System.Linq;
using System.Text;
namespace ConsoleApplication8
{
    class Program
    {
        static void Main（string[] args）
        {
            int a = Convert.ToInt32（Console.ReadLine（））;
            string s = "";
            switch（a / 10）
            {
                case 10：
                case 9：s = "優秀"；break；
                case 8：s = "良好"；break；
                case 7：s = "中等"；break；
                case 6：s = "及格"；break；
                default：s = "不及格"；break；
            }
            Console.WriteLine（s）;
            Console.Read（）;
        }
    }
}
```

2.6.6 嵌套 switch 語句

C#中可以把一個 switch 作為一個外部 switch 的語句序列的一部分，即可以在一個 switch 語句內使用另一個 switch 語句。即使內部和外部 switch 的 case 常量包含共同的值，也不矛盾。

C# 中嵌套 switch 語句的語法：

```
switch（ch1）
{
  case 'A'：
      printf（"這個 A 是外部 switch 的一部分"）;
      switch（ch2）
      {
        case 'A'：
            printf（"這個 A 是內部 switch 的一部分"）;
            break;
```

```
            case 'B': /* 內部 B case 代碼 */
        }
        break;
    case 'B': /* 外部 B case 代碼 */
}
```

2.6.7　?：運算符

C#中條件運算符（？：）可以用來替代 if…else 語句。它的一般形式如下：

Exp1 ? Exp2 : Exp3；其中，Exp1、Exp2 和 Exp3 是表達式。「?」表達式的值是由 Exp1 決定的。如果 Exp1 為真，則計算 Exp2 的值，結果即為整個（？:）表達式的值。如果 Exp1 為假，則計算 Exp3 的值，結果即為整個（？:）表達式的值。

【例 2.16】從鍵盤輸入兩個數，分別賦值給變量 a 和 b，如果 a<b，輸出 a，否則輸出 b。程序代碼如下：

```
using System;
using System.Collections.Generic;
using System.Linq;
using System.Text;
namespace ConsoleApplication8
{
    class Program
    {
        static void Main (string [] args)
        {
            int a = Convert.ToInt32 (Console.ReadLine ());
            int b = Convert.ToInt32 (Console.ReadLine ());
            Console.WriteLine (a < b ? a : b);
            Console.Read ();
        }
    }
}
```

當上面的代碼被編譯和執行時，執行結果顯示為「3」。

2.7　循環結構

2.7.1　while 循環

While 循環用來在指定條件內重複執行一個語句或語句塊。只要給定的條件為真，C#中的 while 循環語句會重複執行一個目標語句。

C# 中 while 循環的語法：
while（條件表達式）
｛
　　　語句塊；
｝
如果條件表達式為真，則執行循環體語句，條件表達式為假則跳出循環，執行循環下一條語句。執行過程如圖 2.8 所示：

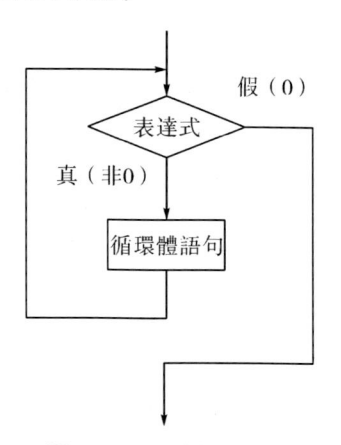

圖 2.8　while 循環流程圖

while 循環可能一次都不會執行。當條件被測試且結果為假時，會跳過循環體，直接執行緊接著 while 循環的下一條語句。

【例 2.17】用鍵盤輸入一成績，如果成績不在 0～100 之間，則繼續輸入，直到輸入成績合法，則輸出成績的等級。程序代碼如下：

```
using System;
using System. Collections. Generic;
using System. Linq;
using System. Text;
namespace ConsoleApplication8
{
    class Program
    {
        static void Main（string [ ] args）
        {
            int a;
            while（true）
            {
                a = Convert. ToInt32（Console. ReadLine（））;
                if（a >= 0 && a <= 100）
```

```
                break;
            }
            string s = "";
            switch (a / 10)
            {
                case 10：
                case 9：s = "優秀"；break；
                case 8：s = "良好"；break；
                case 7：s = "中等"；break；
                case 6：s = "及格"；break；
                default：s = "不及格"；break；
            }
            Console.WriteLine (s);
            Console.Read ();
        }
    }
}
```

2.7.2　for 循環

　　for 語句循環重複執行一個語句或語句塊，直到指定的表達式計算為 false。C# 中 for 循環的語法：

for（初始化表達式；布爾表達式；變量更新表達式）
{
　　循環體；
}

　　下面是 for 循環的控制流程：

　　①初始化表達式會首先被執行，且只會執行一次。這一步允許用戶聲明並初始化任何循環控制變量。用戶也可以不在這裡寫任何語句，只寫一個分號，但必須在循環語句之前先定義變量並初始化變量。

　　②接下來，for 循環會判斷布爾表達式。如果為真，則執行循環體。如果為假，則不執行循環體，且控制流會跳轉到緊接著 for 循環的下一條語句。

　　③在執行完 for 循環主體後，控制流會跳回上面的變量更新表達式語句。該語句可以留空，只寫一個分號，但變量更新語句必須有。

　　④重複②、③步驟，直至退出循環。

　　【例 2.18】操場上 100 多人排隊，3 人一組多 1 人，4 人一組多 2 人，5 人一組多 3 人，共有多少人？程序代碼如下：

```
using System;
using System.Collections.Generic;
using System.Linq;
```

```
using System.Text;
namespace ConsoleApplication8
{
    class Program
    {
        static void Main(string[] args)
        {
            int i;
            for (i = 100; i < 200; i++)
            {
                if (i % 3 == 1 && i % 4 == 2 && i % 5 == 3)
                    Console.WriteLine(i);
            }
            Console.Read();
        }
    }
}
```
當上面的代碼被編譯和執行時，它會產生下列結果：
118
178

2.7.3 foreach 循環

foreach 循環可以迭代數組或者一個集合對象，提供了一種簡單、明了的方法來循環訪問數組的元素。

以下實例有三個部分：
①通過 foreach 循環輸出字符串數組中的元素。
②通過 for 循環輸出字符串數組中的元素。
③foreach 輸出 ArrayList 類中的元素。

【例2.19】定義一字符串數組，分別用 foreach 和 for 循環輸出數組，再定義一 ArrayList 類，用 add 方法添加元素後用 foreach 循環輸出。程序代碼如下：

```
using System;
using System.Collections.Generic;
using System.Linq;
using System.Text;
using System.Collections;
namespace ConsoleApplication8
{
    class Program
    {
```

```
        static void Main ( string [ ] args)
        {
            string [ ] str = new string [ ] { "abcde", "abcd", "abc" };
            foreach ( string s in str);   //使用 foreach 循環輸出數組元素
                Console. WriteLine ( s);
            for ( int i = 0; i < str. Length; i++);   //使用 for 循環輸出數組元素
                Console. WriteLine ( str [ i ] );
            ArrayList arr = new ArrayList ( );
            arr. Add ( "abcde" );
            arr. Add ( "abcd" );
            arr. Add ( "abc" );
            foreach ( string s in arr);   //foreach 循環循環 ArrayList 類
                Console. WriteLine ( s);
            Console. Read ( );
        }
    }
}
```

2.7.4　do...while 循環

do...while 循環是在循環的尾部檢查它的條件；而 for 和 while 循環，它們是在循環頭部測試循環條件。所以即使條件一開始就不成立，do...while 也會確保至少執行一次循環。C# 中 do...while 循環的語法：

do
{
循環體；
} while（布爾表達式）；

如果布爾表達式為真，控制流會跳轉回上面的 do，然後重新執行循環中的循環體。這個過程會不斷重複，直到給定條件變為假為止。

【例 2.20】輸出 100 至 200 之間除以 3 餘數為 1、除以 4 餘數為 2、除以 5 餘數為 3 的數。程序代碼如下：

```
using System;
using System. Collections. Generic;
using System. Linq;
using System. Text;
namespace ConsoleApplication8
{
    class Program
    {
        static void Main ( string [ ] args)
        {
```

```
            int i = 100;
            do
              {
                if (i % 3 == 1 && i % 4 == 2 && i % 5 == 3)
                    Console.WriteLine (i);
                i++;
              } while (i < 200);
            Console.Read ();
        }
    }
}
```

當上面的代碼被編譯和執行時,它會產生下列結果:
118
178

2.7.5 嵌套循環

C# 允許在一個循環內使用另一個循環,嵌套 for 循環語句的語法:
for(賦初值表達式 1;布爾表達式 1;變量更新表達式 1)
{
for(賦初值表達式 2;布爾表達式 2;變量更新表達式 2)
{
循環體;
}
循環體;
}

其他循環嵌套與 for 循環嵌套類似。

【例 2.21】使用 for 循環嵌套打印乘法口訣表時,程序代碼如下:
```
using System;
using System.Collections.Generic;
using System.Linq;
using System.Text;
using System.Collections;
namespace ConsoleApplication8
{
    class Program
    {
        static void Main (string [] args)
        {
            int i, j;
```

```
            for (i = 1; i <= 9; i++)
            {
                string s = "";
                for (j = 1; j <= i; j++)
                    s = s +Convert. ToString (j) + " * " + Convert. ToString (i) + " = " + Convert. ToString (i * j) + " ";
                Console. WriteLine (s);
            }
            Console. Read ();
        }
    }
}
```

【例2.22】打印出所有的「水仙花數」,所謂「水仙花數」是指一個三位數,其各位數字立方和等於該數本身例如:153 是一個「水仙花數」,因為 153 = $1^3+5^3+3^3$。程序代碼如下:

```
using System;
using System. Collections. Generic;
using System. Linq;
using System. Text;
using System. Collections;
namespace ConsoleApplication8
{
    class Program
    {
        static void Main (string [ ] args)
        {
            int a, b, c, s;
            for (a=1; a<10; a++)
            {
                for (b=0; b<10; b++)
                {
                    for (c=0; c<10; c++)
                    {
                        s=100 * a+10 * b+c;
                        if (s== (a*a*a+b*b*b+c*c*c))
                            Console. WriteLine (s);
                    }
                }
            }
```

```
            Console.Read();
        }
    }
}
```

2.7.6 循環控制語句

C#中的循環控制語句,主要是 break 和 continue。break 是結束整個循環,執行循環外的下一條語句;而 continue 是結束本次循環(跳過循環體中剩餘的語句而執行下一次循環)。

2.7.6.1 break 語句

當 break 語句出現在一個循環內時,循環會立即終止,且程序流將繼續執行緊接著循環的下一條語句。如果是嵌套循環(即一個循環內嵌套另一個循環),break 語句會停止執行最內層的循環,然後開始執行該塊之後的下一行代碼。

【例2.23】循環輸出1至10的數字,如果遇到5,結束整個循環。程序代碼如下:

```
using System;
using System.Collections.Generic;
using System.Linq;
using System.Text;
using System.Collections;
namespace ConsoleApplication8
{
    class Program
    {
        static void Main(string[] args)
        {
            for (int i = 1; i <= 10; i++)
            {
                if (i == 5)
                {
                    break;  //如果變量等於5,那麼結束整個循環,因此只會輸出1234
                }
                Console.Write(i+" ");
            }
            Console.ReadLine();
        }
    }
}
```

當上面的代碼被編譯和執行時,它會產生下列結果:

1 2 3 4

2.7.6.2 continue 語句

C# 中的 continue 會跳過當前循環中的代碼，強迫開始下一次循環。對於 for 循環，continue 語句會導致執行布爾表達式和變量更新部分。對於 while 和 do...while 循環，continue 語句會導致程序控制執行布爾表達式。

【例 2.24】循環輸出 1 至 10，如果遇到 5，則不輸出。程序代碼如下：

```
using System;
using System.Collections.Generic;
using System.Linq;
using System.Text;
using System.Collections;
namespace ConsoleApplication8
{
    class Program
    {
        static void Main (string [] args)
        {
            for (int i = 1; i <= 10; i++)
            {
                if (i == 5)
                {
                    continue; //如果變量 i 等於 5，那麼結束本次循環，因此會輸出 1234678910
                }
                Console.Write (i+" ");
            }
            Console.ReadLine ();
        }
    }
}
```

當上面的代碼被編譯和執行時，它會產生下列結果：
1 2 3 4 6 7 8 9 10

2.8 數組（Array）

數組是包含若干相同類型的變量的集合，這些變量可以通過索引進行訪問。數組的索引從 0 開始，數組中的變量稱為數組的元素。數組能夠容納元素的數量稱為數組的長度。數組可以分為一維、二維和多維數組。

2.8.1 聲明數組

在C#中聲明一維數組,語法如下:

type [] arrayName;

其中,type:用於指定被存儲在數組中的元素的類型。[]:指定數組的秩(維度)。秩指定數組的大小。arrayName:指定數組的名稱。

例如:

double [] score;

2.8.2 初始化數組

聲明一個數組不會在內存中初始化數組。當初始化數組變量時,用戶可以賦值給數組。數組的初始化有很多形式。

①使用new關鍵字來創建數組的實例。

double [] score = new double [8];   //score數組中的每個元素都初始化為0

②使用索引號賦值給一個單獨的數組元素。

double [] score = new double [8];
score [0] = 75.0;

③在聲明數組的同時給數組賦值。

double [] score = {75.0, 85.5, 69.0};

④創建並初始化一個數組。

int [] price = new int [5] {78, 92, 74, 59, 67};

⑤如果給所有的元素賦值,可以省略數組的大小。

int [] price = new int [] {78, 92, 74, 59, 67};

2.8.3 訪問數組元素

數組元素是通過帶索引的數組名稱來訪問的。

例如:

double a = score [4];   //定義一個變量,並把score [4]這個元素值賦給該變量

【例2.25】輸出楊輝三角形(問題本質是二項式(a+b)的n次方展開後各項的系數排成的三角形,它的特點是左右兩邊全是1,從第二行起,中間的每一個數是上一行裡相鄰兩個數之和)。程序代碼如下:

```
using System;
using System.Collections.Generic;
using System.Linq;
using System.Text;
using System.Collections;
namespace ConsoleApplication8
{
    class Program
    {
```

```
static void Main ( string [ ] args )
{
    long [ , ] a = new long [ 10, 10 ] ;
    int i, j;
    for ( i = 0; i < 10; i++ )
    {
        a [ i, 0 ] = 1;
        a [ i, i ] = 1;
    }
    for ( i = 2; i < 10; i++ )
    for ( j = 1; j < i; j++ )
            a [ i, j ] = a [ i - 1, j - 1 ] + a [ i - 1, j ] ;
    for ( i = 0; i < 10; i++ )
    {
        for ( j = 0; j <= 10-i; j++ )
            Console. Write ( "" ) ;
        for ( j = 0; j <= i; j++ )
        {
            if ( a [ i, j ] < 10 )
                Console. Write ( "    " + a [ i, j ] ) ;
            else if ( a [ i, j ] < 100 )
                Console. Write ( "" + a [ i, j ] ) ;
            else
                Console. Write ( " " + a [ i, j ] ) ;
        }
        Console. WriteLine ( ) ;
    }
    Console. Read ( ) ;
}
}
}
```

當上面的代碼被編譯和執行時，程序產生的結果如圖2.9所示：

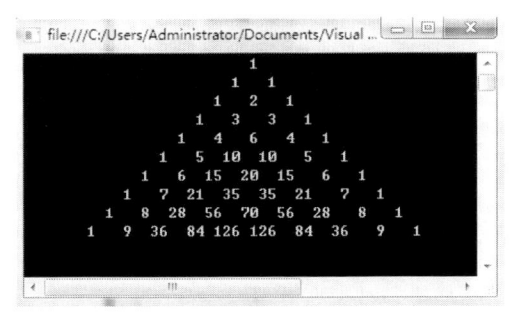

圖 2.9　程序運行結果

【例2.26】用篩法求素數（用篩法求素數的基本思想是：把一組數逐步篩掉非素數留下素數，直到篩子為空時結束）。程序代碼如下：

```csharp
using System;
using System.Collections.Generic;
using System.Linq;
using System.Text;
using System.Collections;
namespace ConsoleApplication8
{
    class Program
    {
        static void Main(string[] args)
        {
            int[] a = new int[99];
            for (int i = 0; i < a.Length; i++)
                a[i] = i + 2;
            for (int i = 0; i < a.Length; i++)
            {
                for (int j = 2; j < a[i]; j++)
                    if (a[i] % j == 0)
                    {
                        a[i] = 0;
                        break;
                    }
            }
            for (int i = 0; i < a.Length; i++)
                if (a[i] != 0)
                    Console.Write(a[i] + " ");
            Console.Read();
        }
    }
}
```

2.8.4 使用 foreach 循環

前面實例是使用 for 循環來訪問數組元素，也可以使用 foreach 語句來遍歷數組。

【例2.27】將兩個數組合併為一個數組。程序代碼如下：

```csharp
using System;
using System.Collections.Generic;
using System.Linq;
```

```
using System. Text;
using System. Collections;
namespace ConsoleApplication8
{
    class Program
    {
        static void Main ( string [ ] args)
        {
            int [ ] arr1 = new int [ ] { 1, 2, 3, 4, 5 };
            int [ ] arr2 = new int [ ] { 6, 7, 8, 9, 10 };
            int n = arr1. Length + arr2. Length;
            int [ ] arr3 = new int [n];
            for (int i = 0; i < arr3. Length; i++)
            {
                if ( i < arr1. Length)
                    arr3 [i] = arr1 [i];
                else
                    arr3 [i] = arr2 [i - arr1. Length];
            }
            foreach ( int i in arr1)
                Console. Write (i + " ");
            Console. WriteLine ( );
            foreach ( int i in arr2)
                Console. Write (i + " ");
            Console. WriteLine ( );
            foreach ( int i in arr3)
                Console. Write (i + " ");
            Console. WriteLine ( );
            Console. Read ( );
        }
    }
}
```

當上面的代碼被編譯和執行時，它會產生下列結果：
1, 2, 3, 4, 5
6, 7, 8, 9, 10
1, 2, 3, 4, 5, 6, 7, 8, 9, 10

2.8.5 多維數組

C# 支持多維數組。多維數組又稱為矩形數組。

聲明一個 string 變量的二維數組，如：

string [,] names;

聲明一個 int 變量的三維數組，如：

int [, ,] m;

多維數組最簡單的形式是二維數組。一個二維數組，在本質上，是一個一維數組的列表；數組中的每個元素使用形式為 a [i, j] 的元素名稱來標示和訪問，其中 a 是數組名稱，i 和 j 是唯一標示 a 中每個元素的下標。

初始化二維數組，如：

```
int [,] a = new int [3, 4] {
  {0, 1, 2, 3},     /* 初始化索引號為 0 的行 */
  {4, 5, 6, 7},     /* 初始化索引號為 1 的行 */
  {8, 9, 10, 11}    /* 初始化索引號為 2 的行 */
};
```

【例 2.28】找出一個二維數組中的鞍點，即該位置上的元素在該行上最大，在該列上最小，也可能沒有鞍點。程序代碼如下：

```
using System;
using System.Collections.Generic;
using System.Linq;
using System.Text;
using System.Collections;
namespace ConsoleApplication8
{
    class Program
    {
        static void Main (string [] args)
        {
            int i, j, m, n;
            bool flag = true;
            int k = 0;
            int [,] a = new int [,] { { 12, 18, 4, 7 }, { 14, 140, 55, 422 }, { 15, 16, 13, 12 }, { 16, 50, -1, 1 } };
            for (i = 0; i < 4; i++)
            {
                m = 0;
                for (j = 0; j < 4; j++)
                {
```

```
                    k = a [i, m];
                    if ( k < a [i, j] )
                        m = j;
                }
                for ( n = 0; n < 4; n++)
                if ( k > a [n, m] )
                    {
                        flag =false;
                        break;
                    }
                if ( flag )
                    {
                        Console. Write ( k );
                    }
                flag = true;
            }
            Console. Read ( );
        }
    }
}
```

當上面的代碼被編譯和執行時，它產生的結果是 16。

2.8.6　ArrayList 類

2.8.6.1　構造函數

ArrayList ( )：默認構造函數，提供初始容量為 10 的空列表。

ArrayList (int initialCapacity)：構造一個具有指定初始容量的空列表。

ArrayList (Collection<? extends E> c)：構造一個包含指定 collection 的元素的列表，這些元素是按照該 collection 的迭代器返回它們的順序排列的。

2.8.6.2　新增

ArrayList 提供了 add (E e)、add (int index, E element)、addAll (Collection<? extends E>c)、addAll (int index, Collection<? extends E> c)、set (int index, E element) 五個方法來實現 ArrayList 增加。

add (E e)：將指定的元素添加到此列表的尾部。

add (int index, E element)：將指定的元素插入此列表中的指定位置。

addAll (Collection<? extends E> c)：按照指定 collection 的迭代器所返回的元素順序，將該 collection 中的所有元素添加到此列表的尾部。

addAll (int index, Collection <? extends E > c)：從指定的位置開始，將指定 collection 中的所有元素插入到此列表中。

set (int index, E element)：用指定的元素替代此列表中指定位置上的元素。

2.8.6.3 刪除

ArrayList 提供了 remove（int index）、remove（Object o）、removeRange（int fromIndex, int toIndex）、removeAll（）四個方法進行元素的刪除。

remove（int index）：移除此列表中指定位置上的元素。

remove（Object o）：移除此列表中首次出現的指定元素（如果存在）。

removeRange（int fromIndex, int toIndex）：移除列表中索引在 fromIndex（包括）和 toIndex（不包括）之間的所有元素。

removeAll（）：是繼承自 AbstractCollection 的方法，ArrayList 本身並沒有提供實現。

【例 2.29】ArrayList 的定義及方法應用。程序代碼如下：

```
using System;
using System.Collections.Generic;
using System.Linq;
using System.Text;
using System.Collections;
namespace ConsoleApplication8
{
    class Program
    {
        static void Main（string [] args）
        {
            ArrayList list = new ArrayList（）;
            list.Add（"物聯網"）;
            list.Add（"計算機科學與技術"）;
            list.Add（"網絡工程"）;
            foreach（string i in list）
                Console.Write（i + " "）;
            Console.WriteLine（）;
            int [] arr = new int [] { 1, 2, 3, 4, 5, 6, 7, 8 };
            ArrayList list1 = new ArrayList（arr）;
            list1.Add（9）;
            foreach（int i in list1）
                Console.Write（i + " "）;
            Console.WriteLine（）;
            ArrayList list2 = new ArrayList（5）;
            for（int i = 0; i < 7; i++）
                list2.Add（i）;
            foreach（int i in list2）
                Console.Write（i + " "）;
            Console.WriteLine（）;
```

```
            Console.Read();
        }
    }
}
```

當上面的代碼被編譯和執行時，它會產生下列結果：
物聯網　計算機科學與技術　網絡工程
1 2 3 4 5 6 7 8 9
0 1 2 3 4 5 6

2.9 字符串（String）

在 C#中提供了 String 類，用來對字符串進行操作，這些操作在很大程度上方便了開發人員，而且使編寫程序的靈活性大大增強。

2.9.1 String 類的屬性

String 類的屬性如表 2.12 所示：

表 2.12 String 類的屬性

序號	屬性	描述
1	Chars	在當前 String 對象中獲取 Char 對象的指定位置
2	Length	在當前的 String 對象中獲取字符數

2.9.2 String 類的方法

String 類有許多方法用於 string 對象的操作。最常用的方法如表 2.13 所示。

表 2.13 String 類的方法

序號	描述
1	public static int Compare（string strA, string strB）比較兩個指定的 string 對象，並返回一個表示它們在排列順序中相對位置的整數。該方法區分大小寫
2	public static int Compare（string strA, string strB, bool ignoreCase）比較兩個指定的 string 對象，並返回一個表示它們在排列順序中相對位置的整數。但是，如果布爾參數為真時，該方法不區分大小寫
3	public static string Concat（string str0, string str1）連接兩個 string 對象
4	public static string Concat（string str0, string str1, string str2）連接三個 string 對象
5	public static string Concat（string str0, string str1, string str2, string str3）連接四個 string 對象
6	public bool Contains（string value）返回一個表示指定 string 對象是否出現在字符串中的值
7	public static string Copy（string str）創建一個與指定字符串具有相同值的新 String 對象

續表

序號	描述
8	public void CopyTo（int sourceIndex, char [ ] destination, int destinationIndex, int count） 從 string 對象的指定位置開始複製指定數量的字符到 Unicode 字符數組中的指定位置
9	public bool EndsWith（string value） 判斷 string 對象的結尾是否匹配指定的字符串
10	public bool Equals（string value） 判斷當前的 string 對象是否與指定的 string 對象具有相同的值
11	public static bool Equals（string a, string b） 判斷兩個指定的 string 對象是否具有相同的值
12	public static string Format（string format, Object arg0） 把指定字符串中一個或多個格式項替換為指定對象的字符串表示形式
13	public int IndexOf（char value） 返回指定 Unicode 字符在當前字符串中第一次出現的索引，索引從 0 開始
14	public int IndexOf（string value） 返回指定字符串在該實例中第一次出現的索引，索引從 0 開始
15	public int IndexOf（char value, int startIndex） 返回指定 Unicode 字符從字符串中指定字符位置開始搜索第一次出現的索引，索引從 0 開始
16	public int IndexOf（string value, int startIndex） 返回指定字符串從該實例的指定字符位置開始搜索第一次出現的索引，索引從 0 開始
17	public int IndexOfAny（char [ ] anyOf） 返回某一個指定的 Unicode 字符數組中任意字符在該實例中第一次出現的索引，索引從 0 開始
18	public int IndexOfAny（char [ ] anyOf, int startIndex） 返回某一個指定的 Unicode 字符數組中任意字符在該實例中指定字符位置開始搜索第一次出現的索引，索引從 0 開始
19	public string Insert（int startIndex, string value） 返回一個新的字符串，其中，指定的字符串被插入在當前 string 對象的指定索引位置
20	public static bool IsNullOrEmpty（string value） 指示指定的字符串是否為 null 或者是否為一個空的字符串
21	public static string Join（string separator, string [ ] value） 連接一個字符串數組中的所有元素，使用指定的分隔符分隔每個元素
22	public static string Join（string separator, string [ ] value, int startIndex, int count） 連接一個字符串數組中的指定位置開始的指定元素，使用指定的分隔符分隔每個元素
23	public int LastIndexOf（char value） 返回指定 Unicode 字符在當前 string 對象中最後一次出現的索引位置，索引從 0 開始
24	public int LastIndexOf（string value） 返回指定字符串在當前 string 對象中最後一次出現的索引位置，索引從 0 開始
25	public string Remove（int startIndex） 移除當前實例中的所有字符，從指定位置開始，一直到最後一個位置為止，並返回字符串
26	public string Remove（int startIndex, int count） 從當前字符串的指定位置開始移除指定數量的字符，並返回字符串
27	public string Replace（char oldChar, char newChar） 把當前 string 對象中，所有指定的 Unicode 字符替換為另一個指定的 Unicode 字符，並返回新的字符串

續表

序號	描述
28	public string Replace（string oldValue, string newValue）把當前 string 對象中，所有指定的字符串替換為另一個指定的字符串，並返回新的字符串
29	public string［］Split（params char［］separator）返回一個字符串數組，包含當前的 string 對象中的子字符串，子字符串是使用指定的 Unicode 字符數組中的元素進行分隔的
30	public string［］Split（char［］separator, int count）返回一個字符串數組，包含當前的 string 對象中的子字符串，子字符串是使用指定的 Unicode 字符數組中的元素進行分隔的。int 參數指定要返回的子字符串的最大數目
31	public bool StartsWith（string value）判斷字符串實例的開頭是否匹配指定的字符串
32	public char［］ToCharArray（）返回一個帶有當前 string 對象中所有字符的 Unicode 字符數組
33	public char［］ToCharArray（int startIndex, int length）返回一個帶有當前 string 對象中所有字符的 Unicode 字符數組，從指定的索引開始，直到指定的長度為止
34	public string ToLower（）把字符串轉換為小寫並返回
35	public string ToUpper（）把字符串轉換為大寫並返回
36	public string Trim（）移除當前 String 對象中的所有前導空白字符和後置空白字符

【例2.30】用鍵盤輸入一個字符串，分別轉換為大寫和小寫後輸出。程序代碼如下：

```
using System;
using System. Collections. Generic;
using System. Linq;
using System. Text;
using System. Collections;
namespace ConsoleApplication8
{
    class Program
    {
        static void Main（string［］args）
        {
            string s = "";
            s = Convert. ToString（Console. ReadLine（））;
            Console. WriteLine（s. ToUpper（））;
            Console. WriteLine（s. ToLower（））;
            Console. Read（）;
        }
    }
}
```

【例2.31】比較兩個字符串的大小。程序代碼如下：
using System;

```
using System. Collections. Generic;
using System. Linq;
using System. Text;
using System. Collections;
namespace ConsoleApplication8
{
    class Program
    {
        static void Main (string [] args)
        {
            string str = "abc";
            Console. WriteLine (str. CompareTo ("abc"));
            Console. WriteLine (str. CompareTo ("ab"));
            Console. WriteLine (str. CompareTo ("abcd"));
            Console. WriteLine (string. Compare (str, "abc"));
            Console. WriteLine (string. Compare (str, "ab"));
            Console. WriteLine (string. Compare (str, "abcd"));
            Console. WriteLine (string. Equals (str, "abc"));
            Console. Read ();
        }
    }
}
```

當上面的代碼被編譯和執行時,它會產生下列結果:

0
1
-1
0
1
-1
True

【例2.32】截取字符串(輸入身分證號碼計算年齡)。程序代碼如下:

```
using System;
using System. Collections. Generic;
using System. Linq;
using System. Text;
using System. Collections;
namespace ConsoleApplication8
{
```

```
        class Program
        {
            static void Main (string [ ] args)
            {
                string str = Convert.ToString (Console.ReadLine ( ));
                string str1 = str.Substring (6, 4) + " - " + str.Substring (10, 2)
+ " - " + str.Substring (12, 2);
                DateTime dt1 = DateTime.Now;
                DateTime dt2 = Convert.ToDateTime (str1);
                int age = dt1.Year - dt2.Year;
                if ( (dt1.Month < dt2.Month) // (dt1.Month = = dt2.Month) &&
(dt1.Day < dt2.Day) )
                    age--;
                Console.Write (age);
                Console.Read ( );
            }
        }
    }
```

【例2.33】定位字符串。程序代碼如下：

```
using System;
using System.Collections.Generic;
using System.Linq;
using System.Text;
using System.Collections;
namespace ConsoleApplication8
{
    class Program
    {
        static void Main (string [ ] args)
        {
            string str = "abcd";
            int m = str.IndexOf ("b");
            Console.Write (m);
            Console.Read ( );
        }
    }
}
```

當上面的代碼被編譯和執行時，它產生的結果是1。

【例2.34】從鍵盤輸入一個字符串，把大寫字母轉小寫、小寫字母轉大寫、數字加2、其他字符不變。程序代碼如下：

```csharp
using System;
using System.Collections.Generic;
using System.Linq;
using System.Text;
using System.Collections;
namespace ConsoleApplication8
{
    class Program
    {
        static void Main（string［］args）
        {
            string str = Convert.ToString（Console.ReadLine（））;
            string str1 = ""；
            for（int i = 0; i < str.Length; i++）
            {
                char ch = Convert.ToChar（str.Substring（i, 1））;
                if（char.IsLower（ch））
                    str1 = str1+Convert.ToString（char.ToUpper（ch））;
                else if（char.IsUpper（ch））
                    str1 = str1+Convert.ToString（char.ToLower（ch））;
                else if（char.IsNumber（ch））
                    str1 = str1+Convert.ToString（Convert.ToChar（Convert.ToInt32（ch）+2））;
                else
                    str1 = str1 +Convert.ToString（ch）;
            }
            Console.WriteLine（str）;
            Console.WriteLine（str1）;
            Console.Read（）;
        }
    }
}
```

【例2.35】分割字符串（從鍵盤輸入一句話，輸出單詞及單詞的個數）。程序代碼如下：

```
using System;
using System.Collections.Generic;
using System.Linq;
using System.Text;
using System.Collections;
namespace ConsoleApplication8
{
    class Program
    {
        static void Main(string[] args)
        {
            string str = Convert.ToString(Console.ReadLine());
            string[] s = str.Split(new char[]{' ','!'});
            int i = 0;
            foreach(string ss in s)
            {
                if(ss.Trim() != "")
                {
                    Console.WriteLine(ss);
                    i++;
                }
            }
            Console.WriteLine(i);
            Console.Read();
        }
    }
}
```

【例2.36】插入填充字符串、替換字符串。(用「*」號輸出一個等腰三角形)。
程序代碼如下:

```
using System;
using System.Collections.Generic;
using System.Linq;
using System.Text;
using System.Collections;
namespace ConsoleApplication8
{
```

```
class Program
{
    static void Main (string [ ] args)
    {
        string str;
        for (int i = 1; i < 4; i++)
        {
            str = "";
            for (int j = 1; j < 2 * i; j++)
                str = str +" * ";
            string str1 = str.PadLeft (i + 2, '1');
            Console.WriteLine (str1.Replace ("1", " "));
        }
        Console.Read ( );
    }
}
```

2.9.3 結構體（struct）

在 C#中，結構體（struct）指的是一種數據結構，是 C#語言中聚合數據類型（aggregate data type）的一類。結構體可以被聲明為變量、指針或數組等，用以實現較複雜的數據結構。結構體同時也是一些元素的集合，這些元素稱為結構體的成員（member），且這些成員可以為不同的類型，成員一般用名字訪問。

結構體的聲明方法：

```
public struct stu
{
    public int sno;         //學號
    public string sname;    //姓名
    public string ssex;     //性別
    public int sage;        //年齡
    public bool sfzd; //是否在讀
}
```

【例 2.37】結構體的用法實例。程序代碼如下：

```
using System;
using System.Collections.Generic;
using System.Linq;
```

```
using System.Text;
using System.Collections;
public struct stu
{
    public int sno;              //學號
    public string sname;         //姓名
    public string ssex;          //性別
    public int sage;             //年齡
    public bool sfzd;            //是否在讀
}
namespace ConsoleApplication8
{
    class Program
    {
        static void Main(string[] args)
        {
            stu s1;
            s1.sno = 123;
            s1.sname ="張三";
            s1.ssex ="男";
            s1.sage = 18;
            s1.sfzd =true;
            Console.WriteLine("{0}, {1}, {2}, {3}, {4}", s1.sno, s1.sname, s1.ssex, s1.sage, s1.sfzd);
            Console.Read();
        }
    }
}
```

當上面的代碼被編譯和執行時，它會產生下列結果：
123, 張三, 男, 18, true

2.9.4 枚舉（enum）

枚舉是一組命名整型常量。在程序設計中，有時會用到由若干個有限數據元素組成的集合，如一週內的星期一到星期日七個數據元素組成的集合，由三種顏色紅黃綠組成的集合，一個工作班組內十個職工組成的集合等，程序中某個變量取值僅限於集合中的元素。此時，我們可將這些數據集合定義為枚舉類型。枚舉類型是使用 enum 關鍵字聲明的。

聲明枚舉的一般語法，如：

```
public enum TimeOfDay
{
    moning = 0,
    afternoon = 1,
    evening = 2,
}
```

【例2.38】下面的實例演示了枚舉變量的用法。程序代碼如下：

```
using System;
using System.Collections.Generic;
using System.Linq;
using System.Text;
using System.Collections;
namespace ConsoleApplication8
{
    public enum TimeOfDay
    {
        moning = 0,
        afternoon = 1,
        evening = 2,
    };
    class Program
    {
        static void Main(string[] args)
        {
            foreach (int i in Enum.GetValues(typeof(TimeOfDay)))
                Console.Write(i + " ");
            Console.WriteLine();
            foreach (string i in Enum.GetNames(typeof(TimeOfDay)))
                Console.Write(i + " ");
            Console.WriteLine();
            Console.WriteLine(Enum.GetName(typeof(TimeOfDay), 0));
            TimeOfDay time2 = (TimeOfDay)Enum.Parse(typeof(TimeOfDay), "evening", true);
            Console.WriteLine(time2);
```

```
            Console. Read ( );
        }
    }
}
```

當上面的代碼被編譯和執行時，產生結果如圖 2.10 所示：

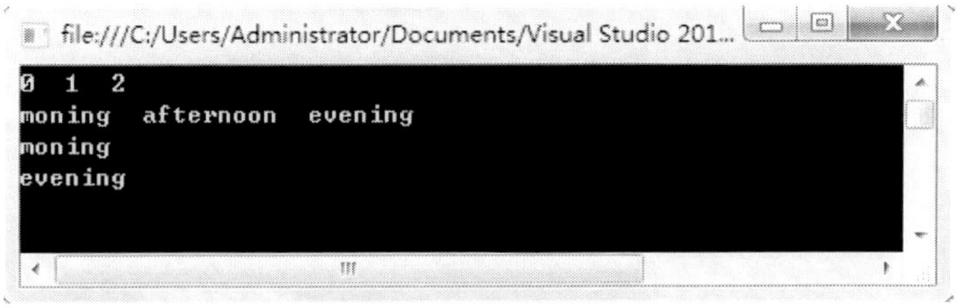

圖 2.10　程序運行結果

2.10　類（Class）

類是一種數據結構，它可以封裝數據成員、函數成員和其他的類。C#所有的語句都必須位於類內，因此，類是 C#語言的核心和基本構成模塊。C#支持自定義類，使用 C#編程就是通過編寫自己的類來描述實際需要解決的問題。

類的聲明形式：

[類修飾符] class [類名] [基類或接口]
{
　　　　[類體]
}

如：

public class bb
　　{
　　　　public int aa = 3;
}

【例 2.39】類的聲明和使用方法。程序代碼如下：

using System;

using System. Collections. Generic;

using System. Linq;

using System. Text;

using System. Collections;

```
namespace ConsoleApplication8
{
    class Program
    {
        class bb
        {
            public int aa = 3;
            public int b = 2;
            public int c ( )
            {
                return aa * b;
            }
        }
        static void Main ( string [ ] args )
        {
            bb cc = new bb ( );                //實例化類 bb
            Console. WriteLine ( cc. aa );     //引用類的屬性
            Console. WriteLine ( cc. c ( ) );  //調用類的方法
            Console. Read ( );
        }
    }
}
```

當上面的代碼被編譯和執行時，它會產生下列結果：

3

6

習題

1. 接受用戶輸入的兩個整數，存儲到兩個變量裡面，交換變量存儲的值。
2. 從鍵盤輸入一個三位的正整數，按數字的相反順序輸出。
3. 編寫一個程序，對輸入的 4 個整數，求出其中的最大值和最小值，並顯示出來。
4. 求出 1 ~1,000 之間的所有能被 7 整除的數，並計算和輸出每 5 個數的和。
5. 編寫一個擲篩子 100 次的程序，並打印出各種點數的出現次數。
6. 一個控制臺應用程序，要求完成下列功能：
(1) 接收一個整數 n。
(2) 如果接收的值 n 為正數，輸出 1 ~n 間的全部整數。

（3）如果接收的值 n 為負值，用 break 或者 return 退出程序。

（4）如何 n 為 0 的話 轉到 1 繼續接收下一個整數。

7. 3 個可樂瓶可以換一瓶可樂，現在有 364 瓶可樂。問一共可以喝多少瓶可樂？剩下幾個空瓶？

8. 編寫一個應用程序用來輸入的字符串進行加密，對於字母字符串加密規則如下：『a』→『d』『b』→『e』『w』→『z』……『x』→『a』『y』→『b』『z』→『c』『A』→『D』『B』→『E』『W』→『Z』……『X』→『A』『Y』→『B』『Z』→『C』？對於其他字符，不進行加密。

3　ASP.net 內置對象

3.1　Response 對象

　　Response 對象用於將數據從服務器向瀏覽器發送。它允許將數據作為請求的結果發送到瀏覽器中，並提供有關回應的信息。另外，它還可以用來在頁面中輸入數據、跳轉或者傳遞頁面中的參數。

　　Response 對象屬性描述如表 3.1 所示：

表 3.1　Response 對象屬性

屬性	描述
Buffer	獲取或設置一個值，該值指示是否緩衝輸出，並在完成處理整個回應之後將其發送
Cache	獲取 web 頁的緩存策略，如過期時間、保密性、變化子句等
Charset	設定或獲取 HTTP 的輸出字符編碼
Expires	設置頁面在失效前的瀏覽器緩存時間（分鐘）
ExpiresAbsolute	設置瀏覽器上頁面緩存失效的日期和時間
IsClientConnected	指示客戶端是否已從服務器斷開
Cookies	獲取當前請求的 cookie 集合
Status	規定由服務器返回的狀態行的值

　　Response 對象方法描述如表 3.2 所示：

表 3.2　Response 對象方法

方法	描述
AddHeader	將一個 HTTP 頭添加到輸出流

續表

方法	描述
AppendToLog	將自定義日誌信息添加到 IIS 日誌文件
Clear	將緩衝區內容清除
End	將目前緩衝區中所有的內容發送至客戶端然後關閉
Flush	將緩衝區中所有的數據發送至客戶端
Redirect	將網頁重新導向另一個地址
Write	將數據輸出到客戶端
WriteFile	將指定的文件直接寫入 HTTP 內容輸出流

【例 3.1】Response 對象通過 Write 或 WriteFile 方法在頁面上輸出數據。程序代碼如下：

```
char ch = 'a';
string s = "Hello World!";
char [ ] arr = { 'H', 'e', 'l', 'l', 'o', ' ', 'W', 'o', 'r', 'l', 'd' };
        Response.Write ("輸出字符:");
        Response.Write (ch);
        Response.Write ("</br>");
        Response.Write ("輸出字符串:");
        Response.Write (s);
        Response.Write ("</br>");
        Response.Write ("輸出數組:");
        foreach (char ch1 in arr)
        Response.Write (ch1);
        Response.Write ("</br>");
        Response.Write ("輸出文件:");
        Response.WriteFile (@"D：\ \ ceshi.txt");
```

當上面的代碼被編譯和執行時，產生結果如圖 3.1 所示：

輸出字符：a
輸出字符串：Hello World!
輸出數組：Hello World
輸出文件：Hello world!

圖 3.1　程序運行結果

3.2 Request 對象

當用戶打開 Web 瀏覽器，並從網站請求 Web 頁時，Web 服務器會接收一個 HTTP 請求，該請求包含用戶、用戶的計算機、頁面以及瀏覽器的相關信息，這些信息將被完整地封裝。當瀏覽器向服務器請求頁面時，這個行為就被稱為一個 request（請求）。Request 對象用於從用戶那裡獲取信息。

Request 對象屬性描述如表 3.3 所示：

表 3.3 Request 對象屬性

屬性	描述
ApplicationPath	獲取服務器上 ASP.NET 應用程序虛擬應用程序的根目錄路徑
Browser	獲取或設置有關正在請求的客戶端瀏覽器的功能信息
Cookies	獲取客戶端發送的 Cookie 集合
FilePath	獲取當前請求的虛擬路徑
Files	獲取採用大部分 MIME 格式的由客戶端上傳的文件集合
Form	獲取窗體變量集合
Item	從 Cookies、Form、QueryString 或 ServerVariables 集合中獲取指定的對象
Path	獲取當前請求的虛擬路徑
QueryString	獲取 HTTP 查詢字符串變量集合
UserHostAddress	獲取遠程客戶端 IP 主機地址

Request 對象方法描述如表 3.4 所示：

表 3.4 Request 對象方法

方法	描述
MapPath	將當前請求的 URL 中的虛擬路徑映射到服務器上的物理路徑
SaveAs	將 HTTP 請求保存到磁盤

3.2.1 獲取頁面間傳送的值

獲取頁面間傳送的值可以使用 Request 對象的 QueryString 屬性實現，使用 QueryString 屬性獲取的字符串是跟在 URL 後面的變量及其值，他們以「?」與 URL 分割，多個變量以「&」分割。

【例 3.2】本實例演示如何在連結中向頁面發送查詢信息，並在目標頁面取回這些信息（本實例中是同一網站）。程序代碼如下：

連結頁面：

```
<form id="form1" runat="server">
    <div>
```

```
<a href="Default3.aspx？sno=20180101&sname=王五">頁面間傳值測試</a>
</div>
</form>
```

目標頁面：

```
protected void Page_Load（object sender, EventArgs e）
{
    string sno = Request.QueryString["sno"];
    string sname = Request.QueryString["sname"];
    Response.Write（sno + "</br>" + sname）;
}
```

【例3.3】本例演示如何使用QueryString集合從表單取回值（此表單使用GET方法，這意味著所發送的信息對用戶來說是可見的）。程序代碼如下：

```
<form id="form1" runat="server" action="Default2.aspx" method="get">
<div>
<input type="text" name="sno" /><br />
<input type="text" name="sname" /><br/>
<input type="submit" value="提交" />
</div>
</form>
<%
    string sno;
    string sname;
    sno = Request.QueryString["sno"];
    sname = Request.QueryString["sname"];
    Response.Write（sno）;
    Response.Write（"<br/>"）;
    Response.Write（sname）;
%>
```

【例3.4】獲取客戶端瀏覽器信息，此實例可以使用request對象的Browser屬性實現。程序代碼如下：

```
<script runat="server">
void Page_Load（object sender, EventArgs e）
{
    HttpBrowserCapabilities bc = Request.Browser;
    list.Text = "";
    list.Text += "操作系統:" + bc.Platform + "<br>";
    list.Text += "是否是 Win16 系統:" + bc.Win16 + "<br>";
    list.Text += "是否是 Win32 系統:" + bc.Win32 + "<br>";
    list.Text += "---<br>";
```

```
        list. Text += "瀏覽器:" + bc. Browser + "<br>";
        list. Text += "瀏覽器標示:" + bc. Id + "<br>";
        list. Text += "瀏覽器版本:" + bc. Version + "<br>";
        list. Text += "瀏覽器 MajorVersion:" + bc. MajorVersion. ToString () + "<br>";
        list. Text += "瀏覽器 MinorVersion:" + bc. MinorVersion. ToString () + "<br>";
        list. Text += "瀏覽器是否是測試版本:" + bc. Beta. ToString () + "<br>";
        list. Text += "是否是 America Online 瀏覽器:" + bc. AOL + "<br>";
        list. Text += "客戶端安裝的. NET Framework 版本:" + bc. ClrVersion + "<br>";  //即使安裝了. NET Framework，如果不是 IE 瀏覽器，檢測版本都是 0.0。
        list. Text += "是否是搜索引擎的網絡爬蟲:" + bc. Crawler + "<br>";
        list. Text += "是否是移動設備:" + bc. IsMobileDevice + "<br>";
        list. Text += "---<br>";
        list. Text += "顯示的顏色深度:" + bc. ScreenBitDepth + "<br>";
        list. Text+="顯示的近似寬度（以字符行為單位）:"+bc. ScreenCharactersWidth+"<br>";
        list. Text+="顯示的近似高度（以字符行為單位）:"+bc. ScreenCharactersHeight+"<br>";
        list. Text+="顯示的近似寬度（以像素行為單位）:"+bc. ScreenPixelsWidth+"<br>";
        list. Text+="顯示的近似高度（以像素行為單位）:"+bc. ScreenPixelsHeight+"<br>";
        list. Text += "---<br>";
        list. Text += "是否支持 CSS:" + bc. SupportsCss + "<br>";
        list. Text += "是否支持 ActiveX 控件:"+ bc. ActiveXControls. ToString () + "<br>";
        list. Text += "是否支持 JavaApplets:" + bc. JavaApplets. ToString () + "<br>";
        list. Text += "是否支持 JavaScript:" + bc. JavaScript. ToString () + "<br>";
        list. Text += "JScriptVersion:"+ bc. JScriptVersion. ToString () + "<br>";
        list. Text += "是否支持 VBScript:"+ bc. VBScript. ToString () + "<br>";
        list. Text += "是否支持 Cookies:"+ bc. Cookies + "<br>";
        list. Text += "支持的 MSHTML 的 DOM 版本:" + bc. MSDomVersion + "<br>";
        list. Text += "支持的 W3C 的 DOM 版本:" + bc. W3CDomVersion + "<br>";
        list. Text += "是否支持通過 HTTP 接收 XML:" + bc. SupportsXmlHttp + "
```

```
<br>";
            list.Text += "是否支持框架:" + bc.Frames.ToString() + "<br>";
            list.Text += "超連結 a 屬性 href 值的最大長度:" + bc.MaximumHrefLength + "<br>";
            list.Text += "是否支持表格:" + bc.Tables + "<br>";
        }
    </script>
    <body>
        <form id="form1" runat="server">
        <div>
            <asp:Label ID="list" runat="server"></asp:Label>
        </div>
        </form>
    </body>
```

【例 3.5】本例演示如何使用 Form 集合從表單取回值。程序代碼如下：

```
<form id="form1" runat="server" action="Default2.aspx" method="post">
<div>
<input type="text" name="sno" /><br />
<input type="text" name="sname" /><br />
<input type="submit" value="提交" />
</div>
</form>
<%
    string sno;
    string sname;
    sno = Request.Form["sno"];
    sname = Request.Form["sname"];
    Response.Write(sno);
    Response.Write("<br/>");
    Response.Write(sname);
%>
```

3.3 ASP Application 對象

Application 對象用於共享應用程序級信息，即多個用戶共享一個 Application 對象。當第一個用戶請求 ASP.NET 文件時，系統將啟動應用程序並創建 Application 對象，一旦 Application 對象被創建，它就可以共享和管理整個應用程序的信息；在應用程序關閉之前，Application 對象將一直存在。Web 上的一個應用程序可以是一組 ASP 文件，這些 ASP 文件一起協同工作來完成某項任務，Application 對象的作用是把這些文件捆綁在一起。

Application 對象的常用集合如表 3.5 所示：

表 3.5　Application 對象常用集合

集合	描述
Contents	用於訪問應用程序狀態集合中的對象名
StaticObjects	確定某對象指定屬性的值或遍歷集合，並檢索所有靜態對象的屬性

Application 對象常用屬性如表 3.6 所示：

表 3.6　Application 對象常用屬性

屬性	描述
AllKeys	返回全部 Application 對象變量名到一個字符串數組中
Count	獲取 Application 對象變量的數量
Item	允許使用索引或 Application 變量名稱傳回內容值

Application 對象常用方法如表 3.7 所示：

表 3.7　Application 對象常用方法

屬性	描述
Add	新增一個 Application 對象變量
Clear	清除全部 Application 對象變量
Lock	鎖定全部 Application 對象變量
Remove	使用變量名稱移除一個 Application 對象變量
RemoveAll	移除全部 Application 對象變量
Set	使用變量名稱更新一個 Application 對象變量的內容
UnLock	解除鎖定的 Application 對象變量

【例 3.6】設計一訪問計數器。程序代碼如下：

（1）新建一個網站，打開 Global.asax 文件，在該文件的 Application_Start 事件中將訪問數初始化為 0。

```
void Application_Start ( object sender, EventArgs e)
{
    // 在應用程序啟動時運行的代碼
    Application [ "count" ] = 0;
}
```

（2）當有新用戶訪問該網站時，系統將建立一個新的 Session 對象，在 Session 對象的 Session_Start 事件中對 Application 對象加鎖，同時將訪問人數加 1；當用戶退出該網站時，系統將關閉該用戶的 Session 對象，同時將訪問人數減 1。

```
void Session_Start（object sender, EventArgs e）
{
    // 在新會話啓動時運行的代碼
    Application.Lock（）;
    Application["count"] = (int) Application["count"] + 1;
    Application.UnLock（）;
}

void Session_End（object sender, EventArgs e）
{
    // 在會話結束時運行的代碼。
    // 注意：只有在 Web.config 文件中的 sessionstate 模式設置為 InProc 時，才會引發 Session_End 事件。
    // 如果會話模式設置為 StateServer
    // 或 SQLServer，則不會引發該事件。
    Application.Lock（）;
    Application["count"] = (int) Application["count"] - 1;
    Application.UnLock（）;
}
```

（3）對 Global.asax 文件進行設置後，需要將訪問人數在網站的頁面顯示出來，代碼如下：

```
protected void Page_Load（object sender, EventArgs e）
{
    Response.Write（"您是該網站的第"+Application["count"].ToString（）+"位訪問者"）;
}
```

3.4　Session 對象

Session 對象用於存儲網頁程序的變量或者對象，它終止於聯機機器離線時，也就是當網頁使用者關掉瀏覽器或超過設定 Session 變量的有效時間時，Session 對象才會消失。

使用 Session 對象存放信息的語法格式如下：
Session["變量名"] =值;
從會話中讀取 Session 信息的語法格式如下：
varname = Session["變量名"];
例如：
//將 TextBox 控件中的文本存儲到 Session["變量名"] 中
Session["Name"] =TextBox1.Text;

//將 Session ["變量名"] 中的值讀取到 TextBox 控件中
TextBox1.Text = Session ["Name"].ToString();

Session 對象的集合如表 3.8 所示：

表 3.8　Session 對象集合

集合	描述
Contents	用於確定指定會話項的值或遍歷 Session 對象的集合
StaticObjects	確定某對象指定屬性的值或遍歷集合，並檢索所有靜態對象的所有屬性

Session 對象的常用屬性如表 3.9 所示：

表 3.9　Session 對象常用屬性

屬性	描述
TimeOut	傳回或設定 Session 對象變量的有效時間，當使用者超過有效時間沒有發出動作，Session 對象就會失效，默認值為 20 分鐘

Session 對象的常用方法如表 3.10 所示：

表 3.10　Session 對象常用方法

方法	描述
Abandon	此方法結束當前會話，並清除會話中的所有信息。如果用戶隨後訪問頁面，可以為它創建新會話
Clear	此方法清除全部的 Session 對象變量，但不結束會話

Session 對象的事件如表 3.11 所示：

表 3.11　Session 對象事件

事件	描述
Session_OnEnd	當一個會話結束時此事件發生
Session_OnStart	當一個會話開始時此事件發生

【例 3.7】C#操作 session 類，session 的添加、讀取及刪除方法。程序代碼如下：

```
using System.Web;
namespace DotNet.Utilities
{
    public static class SessionHelper2
    {
        // 添加 Session，調動有效期為 20 分鐘
        public static void Add (string strSessionName, string strValue)
        {
            HttpContext.Current.Session [strSessionName] = strValue;
            HttpContext.Current.Session.Timeout = 20;
```

}
// 添加 Session，調動有效期為 20 分鐘
public static void Adds（string strSessionName, string [ ] strValues）
{
  HttpContext. Current. Session [strSessionName] = strValues;
  HttpContext. Current. Session. Timeout = 20;
}
// <param name="iExpires">調動有效期（分鐘）</param>
public static void Add（string strSessionName, string strValue, int iExpires）
{
  HttpContext. Current. Session [strSessionName] = strValue;
  HttpContext. Current. Session. Timeout = iExpires;
}
// <param name="iExpires">調動有效期（分鐘）</param>
public static void Adds（string strSessionName, string [ ] strValues, int iExpires）
{
  HttpContext. Current. Session [strSessionName] = strValues;
  HttpContext. Current. Session. Timeout = iExpires;
}
// <returns>Session 對象值</returns>
public static string Get（string strSessionName）
{
  if（HttpContext. Current. Session [strSessionName] == null）
  {
  return null;
}
  else
{
  return HttpContext. Current. Session [strSessionName]. ToString（）;
}
}
// <returns>Session 對象值數組</returns>
public static string [ ] Gets（string strSessionName）
{
  if（HttpContext. Current. Session [strSessionName] == null）
  {
  return null;
}
  else

```
            }
         return（string［］）HttpContext.Current.Session［strSessionName］；
      }

      // <param name="strSessionName">Session 對象名稱</param>
      public static void Del（string strSessionName）
      {
         HttpContext.Current.Session［strSessionName］= null；
      }
   }
}
```

習題

1. 運用 request 對象實現用戶登錄。

用 QueryString 屬性接收上一頁使用「?」傳遞到本頁的數據。用戶訪問網站時首先看到如圖 3.2 所示的頁面，當用戶填寫了自己的姓名並單擊「提交」按鈕跳轉到下一頁時，頁面中將顯示歡迎信息。

圖 3.2 登錄頁面模擬效果圖

2. 運用 Response 對象實現文件下載。

使用 Response 對象的 WriteFile 方法輸出一個 Excel 文件。程序運行時，用戶單擊頁面中的連結按鈕，彈出對話框，單擊「打開」按鈕可在瀏覽器顯示 Excel 文件內容，單擊「保存」按鈕可單線程下載文件到本地硬盤。

3. Session 和 Application 創建簡單的網絡在線聊天室；程序運行效果如圖 3.3 所示。

圖 3.3 聊天室

4 內部控件

4.1 Web 服務器控件

Web 服務器控件是在服務器上創建的，需要 runat="server" 屬性才能生效。然而，Web 服務器控件沒有必要映射任何已存在的 HTML 元素，它們可以表示更複雜的元素。創建 Web 服務器控件的語法是：

<asp：control_name id="some_id" runat="server" />

Web 服務器常用控件如表 4.1 所示：

表 4.1 Web 服務器常用控件

Web 服務器控件	描述
Button	顯示下壓按鈕
Calendar	顯示日曆
CheckBox	顯示復選框
CheckBoxList	創建多選的復選框組
DataGrid	顯示 grid 中數據源的字段
DataList	通過使用模版顯示數據源中的項目
DropDownList	創建下拉列表
HyperLink	創建超連結
Image	顯示圖像
ImageButton	顯示可點擊的圖像
Label	顯示可編程的靜態內容（使您對其內容應用樣式）
LinkButton	創建超連結按鈕
ListBox	創建單選或多選的下拉列表

續表

Web 服務器控件	描述
ListItem	創建列表中的一個項目
Panel	為其他控件提供容器
RadioButton	創建單選按鈕
RadioButtonList	創建單選按鈕組
TextBox	創建文本框

4.2 Button 控件

4.2.1 Button 控件概述

Button 控件用於顯示下壓按鈕，下壓按鈕分為提交按鈕或命令按鈕，該按鈕默認為提交按鈕。

提交按鈕沒有命令名稱，在它被點擊時只是將 web 頁面回送到服務器。

命令按鈕擁有命令名稱，且允許在頁面上創建多個按鈕控件。

4.2.2 Button 控件屬性

Button 控件常用屬性如表 4.2 所示：

表 4.2 Button 控件常用屬性

屬性	描述
CausesValidation	獲取或設置一個值，該值指示在單擊 Button 控件時是否執行了驗證
CommandName	規定與 Command 事件相關的命令
OnClientClick	獲取或設置在引發某個 Button 控件的 Click 事件時所執行的客戶端腳本
PostBackUrl	當 Button 控件被點擊時從當前頁面傳送數據的目標頁面 URL
runat	該控件是服務器控件。必須設置為 "server"
Text	獲取或設置按鈕上的文本
CssClass	控件呈現的樣式
Width	控件的寬度
Height	控件的高度

4.2.3 例題講解

【例 4.1】單擊 Button 按鈕彈出輸入框。過程和程序代碼如下：

（1）新建一個網站，在頁面上添加一個 Button 控件，Text 屬性設置為「彈出輸入框」。

（2）在項目中添加對 Microsoft.VisualBasic 的引用。

（3）在項目中添加命名空間 Using Microsoft.VisualBasic。

（4）雙擊 Button 控件，進入後臺編碼區。

程序代碼如下：

protected void Button1_Click（object sender，EventArgs e）
{
  string s = Microsoft.VisualBasic.Interaction.InputBox（"請輸入一個成績"，"成績輸入框"，"0"，-1，-1）；
  Response.Write（s）；
}

說明：Microsoft.VisualBasic.Interaction.InputBox（「提示性文字」，「對話框標題」，「默認值」，X 坐標，Y 坐標）；上面的 X 坐標，Y 坐標可以取值為-1 和-1，表示屏幕中間的位置顯示。

實例運行後結果如圖 4.1 和 4.2 所示：

圖 4.1 Button 按鈕示例

圖 4.2 點擊 Button 按鈕彈出的输入框

4.3 ASP.NET Calendar 控件

4.3.1 Calendar 控件概述

Calendar 控件顯示一個日曆，用戶可通過該日曆導航到任意一年中的任意一天。當 ASP.NET 網頁運行時，Calendar 控件以 HTML 表格的形式呈現。

4.3.2 Calendar 控件屬性

Calendar 控件屬性如表 4.3 所示：

表 4.3 Calendar 控件屬性

屬性	描述
Caption	日曆的標題
CaptionAlign	日曆標題文本的對齊方式
CellPadding	單元格邊框與內容之間的空白，以像素計
CellSpacing	單元格之間的空白，以像素計
DayHeaderStyle	顯示一週中各天的名稱的樣式
DayNameFormat	顯示一週中各天的名稱的格式
DayStyle	顯示日期的樣式
FirstDayOfWeek	哪天是周的第一天
NextMonthText	顯示下一月連結的文本
NextPrevFormat	下一月和上一月連結的格式
NextPrevStyle	顯示下一月和上一月連結的樣式
OtherMonthDayStyle	顯示不在當前月中的日期的樣式
PrevMonthText	顯示上一月連結的文本
runat	該控件是服務器控件，必須設置為 "server"
SelectedDate	選定的日期
SelectedDayStyle	選定日期的樣式
SelectionMode	允許用戶如何選擇日期
SelectMonthText	顯示為月份選擇連結的文本
SelectorStyle	月份和周的選擇連結的樣式
SelectWeekText	顯示為周的選擇連結的文本
ShowDayHeader	布爾值，該值指示是否顯示一週中各天的標頭
ShowGridLines	布爾值，規定是否顯示日期之間的網格線
ShowNextPrevMonth	布爾值，規定是否顯示下一月和上一月連結
ShowTitle	布爾值，規定是否現實日期的標題
TitleFormat	日期標題的格式
TitleStyle	日期標題的樣式
TodayDayStyle	當天的日期的樣式
TodaysDate	獲取或設置今天的日期的值
VisibleDate	獲取或設置指定要在 Calendar 控件上顯示的月份的日期
WeekendDayStyle	週末的樣式

4.3.3 例題講解

【例 4.2】製作日曆。過程和程序代碼如下：

在本例中，我們在 .aspx 文件中聲明了一個 Calendar 控件。日期以完整名稱顯示，用戶可以選擇一天、一週或整個月，被選的天/周/月使用灰色背景顏色來顯示，同時雙休日顯示為紅色，且去掉其他月的日。

```
<form runat="server">
<asp：Calendar DayNameFormat="Full" runat="server"
SelectionMode="DayWeekMonth"
SelectMonthText="<*>"
SelectWeekText="<->"/>
    <SelectorStyle BackColor="#f5f5f5" />
</asp：Calendar>
</form>
```

找到 Calendar 的 DayRender 事件雙擊進入編寫，程序代碼如下：

```
protected void Calendar1_DayRender (object sender, DayRenderEventArgs e)
    {
        if (e.Day.IsWeekend)
        {
            e.Cell.Text = "<font color=red>" + e.Day.Date.Day.ToString() + "</font>";  //雙休日顯示紅色
        }
        if (e.Day.IsOtherMonth)
        {
            e.Cell.Text = string.Empty;     //去掉其他月的日
        }
    }
```

實例運行後的結果如圖 4.3 所示：

圖 4.3　程序運行結果

4.4 CheckBox 控件

4.4.1 CheckBox 控件概述

CheckBox 控件用於顯示允許用戶設置 true 和 false 條件的復選框。用戶可以從一組 CheckBox 控件中選擇一項或多項內容。

4.4.2 CheckBox 控件屬性

CheckBox 控件屬性如表 4.4 所示：

表 4.4 CheckBox 控件屬性

屬性	描述
AutoPostBack	在 Checked 屬性改變後，系統是否立即向服務器回傳表單。默認是 false
CausesValidation	獲取或設置一個值，該值指示在單擊 CheckBox 控件時，系統是否執行驗證
Checked	獲取或設置一個值，該值指示是否已選中 CheckBox 控件
Text	與復選框關聯的文本標籤
TextAlign	與復選框關聯的文本標籤的對齊方式（right 或 left）
OnCheckedChanged	當 Checked 屬性被改變時，被執行函數的名稱
Enabled	控件是否啟用
ID	獲取或設置分配給服務器控件的編程標示符

4.4.3 例題講解

【例 4.3】用 CheckBox 實現體育愛好的選擇。過程和程序代碼如下：

（1）在頁面中添加 4 個 CheckBox 控件，1 個 Label 標籤和 1 個 Button 按鈕。設置 CheckBox1 的 Text 屬性為籃球，AutoPostBack 屬性設置為 true；設置 CheckBox2 的 Text 屬性為排球，AutoPostBack 屬性設置為 true；設置 CheckBox3 的 Text 屬性為乒乓球，AutoPostBack 屬性設置為 true；設置 CheckBox4 的 Text 屬性為羽毛球，AutoPostBack 屬性設置為 true。Label1 的 Text 屬性設置為空，Button1 的 Text 屬性設置為提交。

（2）依次雙擊 CheckBox 控件，添加代碼如下：

```
protected void CheckBox1_CheckedChanged（object sender, EventArgs e）
{
    if（CheckBox1.Checked == true）
        Label1.Text = Label1.Text + CheckBox1.Text;
    else
        Label1.Text = （Label1.Text）.Replace（CheckBox1.Text," "）;
```

```
protected void CheckBox2_CheckedChanged（object sender，EventArgs e）
{
    if（CheckBox2.Checked == true）
        Label1.Text = Label1.Text + CheckBox2.Text;
    else
        Label1.Text =（Label1.Text）.Replace（CheckBox2.Text," "）;
}
protected void CheckBox3_CheckedChanged（object sender，EventArgs e）
{
    if（CheckBox3.Checked == true）
        Label1.Text = Label1.Text + CheckBox3.Text;
    else
        Label1.Text =（Label1.Text）.Replace（CheckBox3.Text," "）;
}
protected void CheckBox4_CheckedChanged（object sender，EventArgs e）
{
    if（CheckBox4.Checked == true）
        Label1.Text = Label1.Text + CheckBox4.Text;
    else
        Label1.Text =（Label1.Text）.Replace（CheckBox4.Text," "）;
}
```

（3）雙擊 Button 按鈕，添加代碼如下：

```
protected void Button1_Click（object sender，EventArgs e）
{
    Response.Write（"您選擇的體育愛好為:" + Label1.Text）;
}
```

實例運行後的結果如圖 4.4 所示：

圖 4.4　程序運行結果

【例4.4】使用 CheckBox 控件模擬考試系統中的多項選擇題。過程和程序代碼如下：

該實例設置方法與上面實例類似，實現界面如圖4.5 所示。

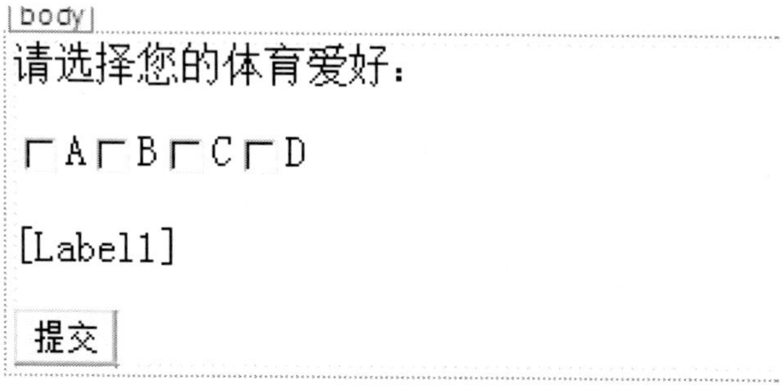

圖 4.5 程序界面設計

實現功能代碼如下：
```
public void aa()        //排序方法
{
        string str = Label1.Text;
        string [] arr = new string [str.Length];
        for (int i = 0; i < str.Length; i++)
                arr [i] = str.Substring (1, 1);
        Array.Sort (arr);
        Label1.Text = "";
        foreach (string i in arr)
                Label1.Text = Label1.Text + i;
}
protected void CheckBox1_CheckedChanged (object sender, EventArgs e)
{
        if (CheckBox1.Checked == true)
                Label1.Text = Label1.Text + CheckBox1.Text;
        else
                Label1.Text = (Label1.Text).Replace (CheckBox1.Text,"");
        aa ();
}
protected void CheckBox2_CheckedChanged (object sender, EventArgs e)
{
        if (CheckBox2.Checked == true)
                Label1.Text = Label1.Text + CheckBox2.Text;
        else
                Label1.Text = (Label1.Text).Replace (CheckBox2.Text,"");
```

```
            aa ();
}
protected void CheckBox3_CheckedChanged (object sender, EventArgs e)
{
        if (CheckBox3.Checked == true)
            Label1.Text = Label1.Text + CheckBox3.Text;
        else
            Label1.Text = (Label1.Text).Replace (CheckBox3.Text,"");
        aa ();
}
protected void CheckBox4_CheckedChanged (object sender, EventArgs e)
{
        if (CheckBox4.Checked == true)
            Label1.Text = Label1.Text + CheckBox4.Text;
        else
            Label1.Text = (Label1.Text).Replace (CheckBox4.Text,"");
        aa ();
}
protected void Button1_Click (object sender, EventArgs e)
{
        Response.Write ("您選擇的選項為:" + Label1.Text);
}
```

實例運行後的結果如圖 4.6 所示：

圖 4.6　程序運行結果

4.5 DropDownList 控件

4.5.1 DropDownList 控件概述

DropDownList 控件只允許用戶每次從列表中選擇一項，而且只在框中顯示選定選項。

4.5.2 DropDownList 控件屬性

DropDownList 控件屬性如表 4.5 所示：

表 4.5 DropDownList 控件屬性

屬性	描述
SelectedIndex	獲取或設置列表中選定選項的最低序號索引
SelectItem	獲取列表中索引最小的選中選項
SelectValue	獲取列表控件中選定選項的值
OnSelectedIndexChanged	當被選項目的 index 被更改時被執行的函數的名稱
runat	規定該控件是服務器控件。必須設置為 "server"
AutoPostBack	獲取或設置 個值，該值指示當用戶更改列表中的選定內容時，是否自動產生向服務器回發
DataSource	獲取或設置對象，數據綁定控件從該對象中檢索其數據項列表

4.5.3 例題講解

【例 4.5】用 DropDownList 控件實現學院和專業的選擇。過程和程序代碼如下：

在頁面中加入兩個 DropDownList 控件，其中 DropDownList1 的 AutoPostBack 屬性設置為 true，分別加入 Page_Load 和 DropDownList1_SelectedIndexChanged 事件。程序代碼如下：

```
protected void Page_Load（object sender，EventArgs e）
{
    if（！IsPostBack）
    {
        ArrayList arr = new ArrayList（）；
        arr.Add（"信息技術學院"）；
        arr.Add（"數學科學學院"）；
        arr.Add（"物理工程學院"）；
        DropDownList1.DataSource = arr；
        DropDownList1.DataBind（）；
        DropDownList2.Items.Add（"物聯網工程"）；
```

```
            DropDownList2.Items.Add("計算機科學與技術");
            DropDownList2.Items.Add("網絡工程");
        }
    }
    protected void DropDownList1_SelectedIndexChanged(object sender,EventArgs e)
    {
        DropDownList2.Items.Clear();
        if(DropDownList2.SelectedValue=="信息技術學院")
        {
            DropDownList2.Items.Add("物聯網工程");
            DropDownList2.Items.Add("計算機科學與技術");
            DropDownList2.Items.Add("網絡工程");
        }
        else if(DropDownList1.SelectedValue=="數學科學學院")
        {
            DropDownList2.Items.Add("數學教育");
            DropDownList2.Items.Add("應用數學");
        }
        else if(DropDownList1.SelectedValue=="物理工程學院")
        {
            DropDownList2.Items.Add("物理教育");
            DropDownList2.Items.Add("工程物理");
        }
    }
```

實例運行後的結果如圖 4.7 所示：

圖 4.7 程序運行結果

4.6 HyperLink 控件

4.6.1 HyperLink 控件概述

HyperLink 控件用於創建超連結，該控件在功能上和 HTML 的 <a href="#"> 標籤相似，其顯示模式為超連結的形式。HyperLink 控件與大多數 Web 服務器控件不同，該控件只具備導航功能,當用戶單擊 HyperLink 控件時並不會在服務器代碼中引發事件。

4.6.2 HyperLink 控件屬性

HyperLink 控件屬性如表 4.6 所示:

表 4.6　HyperLink 控件屬性

屬性	描述
ImageUrl	顯示 HyperLink 控件的圖像的 URL
NavigateUrl	單擊 HyperLink 控件時的連結 URL
runat	規定該控件是服務器控件,必須被設置為 "server"
Target	單擊 HyperLink 控件時顯示連結到 URL 的目標框架
Text	獲取或設置該連結的文本

4.6.3 例題講解

【例 4.6】HyperLink 控件的使用方法。

在本例中,我們在 .aspx 文件中聲明了一個 HyperLink 控件。程序代碼如下:
<asp：HyperLink ImageUrl = "/banners/w6.gif" NavigateUrl = http：//www.w3cschool.cc Text = "Visit W3Cschool!" Target = "_blank" runat = "server" />

4.7　Image 控件

4.7.1　Image 控件概述

Image 控件用於顯示圖像,在使用 Image 控件時,我們可以在設計或運行時以編程方式為 Image 對象指定圖形文件。

4.7.2　Image 控件屬性

Image 控件屬性如表 4.7 所示:

表 4.7　Image 控件屬性

屬性	描述
AlternateText	在圖像無法顯示時出現的替換文字
DescriptionUrl	對圖像進行詳細描述的位置
ImageAlign	設置 Image 控件相對於網頁上其他元素的對齊方式
ImageUrl	設置在 Image 控件中顯示的圖像位置
Enabled	設置控件是否啟用

4.7.3 例題講解

【例4.7】通過DropList下拉框選擇性別,在Image圖片框中顯示對應的圖片。過程和程序代碼如下:

在頁面中加入一個DropDownList控件和一個Image控件,其中DropDownList1的AutoPostBack屬性設置為true。程序代碼如下:

```
protected void DropDownList1_SelectedIndexChanged（object sender, EventArgs e）
{
    if（DropDownList1.SelectedItem.Value == "男"）
        Image1.ImageUrl = "~/images/nan.jpg";
    else if（DropDownList1.SelectedItem.Value == "女"）
        Image1.ImageUrl = "~/images/nv.jpg";
}
```

實例運行後的結果如圖4.7所示:

圖4.7　程序運行結果

4.8　ImageButton 控件

4.8.1　ImageButton 控件概述

ImageButton控件為圖像按鈕控件,功能和Button控件類似。

4.8.2　ImageButton 控件屬性

ImageButton控件屬性如表4.8所示:

表4.8　ImageButton 控件屬性

屬性	描述
CausesValidation	設置在ImageButton控件被點擊時,詢問是否驗證頁面

續表

屬性	描述
OnClientClick	當圖像被點擊時系統要執行的函數的名稱
PostBackUrl	設置當 ImageButton 被點擊時，從當前頁面進行回傳的目標頁面的 URL。
Enabled	設置一個值，該值指示是否可以單擊 ImageButton 以執行到服務器的回發

4.8.3 例題講解

【例 4.8】ImageButton 控件的使用。

<asp：ImageButton ID＝"ImageButton1" runat＝"server" ImageUrl＝"dianji.jpg" onclick＝"ImageButton1_Click" />

4.9 Label 控件

4.9.1 Label 控件概述

Label 控件用於在頁面上顯示用戶不能編輯的文本。

4.9.2 Label 控件屬性

Label 控件屬性如表 4.9 所示：

表 4.9 Label 控件屬性

屬性	描述
Text	在 label 中顯示的文本
Width	控件的寬度
Height	控件的高度
Visible	控件是否可見
Font	設置控件中的文本字體
ForeColor	設置控件中的文本顏色
CssClass	設置控件呈現的樣式
AutoSize	控件大小是否隨字符串大小自動調整，默認值為 false，不調整

4.9.3 例題講解

【例 4.9】Label 控件屬性設置實例。程序代碼如下：

```
<body>
    <form id="form1" runat="server">
    <div>
        <asp：TextBox id="txt1" Width="200" runat="server" />
```

```
            <asp：Button id = " b1" Text = " Copy to Label" OnClick = " submit" runat =
" server" />
            <p><asp：Label id = "label1" runat = " server" /></p>
        </div>
    </form>
</body>
        protected void submit（object sender，EventArgs e）
        {
            label1.Text = txt1.Text；
        }
```

4.10　LinkButton 控件

4.10.1　LinkButton 控件概述

LinkButton 控件用於創建超連結樣式的按鈕，該控件的功能與 Button 控件類似，但呈現方式不同，LinkButton 以超連結形式呈現。

4.10.2　LinkButton 控件屬性

LinkButton 控件屬性如表 4.10 所示：

表 4.10　LinkButton 控件屬性

屬性	描述
CausesValidation	規定當 LinkButton 控件被點擊時，系統是否執行了驗證
CommandArgument	有關所執行命令的附加信息
PostBackUrl	當 LinkButton 控件被點擊時從當前頁面進行回傳的目標頁面的 URL
Text	設置 LinkButton 上的文本
width	控件的寬度

4.10.3　例題講解

【例 4.10】使用 LinkButton 設置超連結。程序代碼如下：
< asp：LinkButton ID = " LinkButton1" runat = " server" PostBackUrl = " http：//www.baidu.com">LinkButton 超連結實例</asp：LinkButton>

在本例中，我們在 .aspx 文件中聲明了一個 LinkButton 控件。當用戶點擊這個連結時，頁面會跳轉到「http：//www.baidu.com」。

4.11 ListBox 控件

4.11.1 ListBox 控件概述

ListBox 控件用於創建多選選項的下拉列表，如果列表項的總數超出可以顯示的項數，則 ListBox 控件會自動添加滾動條。

4.11.2 ListBox 控件屬性

ListBox 控件屬性如表 4.11 所示：

表 4.11 ListBox 控件屬性

屬性	描述
Rows	設置列表中顯示的行數
SelectionMode	設置 ListBox 控件單選還是多選
SelectedIndex	設置列表控件中選定項的最低序號索引
SelectedItem	獲取列表控件中索引最小的選中的項
SelectedValue	獲取列表控件中選定項的值
Rows	獲取或設置 ListBox 控件中顯示的行數
DataSource	設置對象數據綁定控件從該對象中檢索其數據項列表

4.11.3 例題講解

【例 4.11】通過 ListBox 控件和 Button 控件實現單選和多選，並移動相應記錄。

向頁面添加兩個 ListBox 控件：ListBox1 和 ListBox2，四個 Button 控件，分別設置 ListBox1 和 ListBox 控件的 SelectionMode 屬性為 Multiple，四個 Button 控件的 Text 屬性分別為「>>，<<，>，<」。

設置屬性添加相應代碼如下：

```
protected void Page_Load（object sender, EventArgs e）
    {
        if（！IsPostBack）
        {
            ArrayList arrlist = new ArrayList（）；
            arrlist.Add（"星期一"）；
            arrlist.Add（"星期二"）；
            arrlist.Add（"星期三"）；
            arrlist.Add（"星期四"）；
            arrlist.Add（"星期五"）；
```

```
            arrlist.Add ("星期六");
            arrlist.Add ("星期天");
            ListBox1.DataSource = arrlist;
            ListBox1.DataBind ();
        }
    }
    protected void Button1_Click (object sender, EventArgs e)
    {
            int count = ListBox1.Items.Count;
            int index = 0;
            for (int i = 0; i < count; i++)
            {
                ListItem item = ListBox1.Items [index];
                ListBox1.Items.Remove (item);
                ListBox2.Items.Add (item);
            }
    }
    protected void Button3_Click (object sender, EventArgs e)
    {
            int count = ListBox1.Items.Count;
            int index = 0;
            for (int i = 0; i < count; i++)
            {
                ListItem item = ListBox1.Items [index];
                if (ListBox1.Items [index] .Selected = = true)
                {
                    ListBox1.Items.Remove (item);
                    ListBox2.Items.Add (item);
                    index--;
                }
                index++;
            }
    }
    protected void Button2_Click (object sender, EventArgs e)
    {
            int count = ListBox2.Items.Count;
            int index = 0;
            for (int i = 0; i < count; i++)
            {
```

```
            ListItem item = ListBox2.Items［index］;
            ListBox2.Items.Remove（item）;
            ListBox1.Items.Add（item）;
        }
    }
    protected void Button4_Click（object sender, EventArgs e）
    {
        int count = ListBox2.Items.Count;
        int index = 0;
        for（int i = 0; i < count; i++）
        {
            ListItem item = ListBox2.Items［index］;
            if（ListBox2.Items［index］.Selected == true）
            {
                ListBox2.Items.Remove（item）;
                ListBox1.Items.Add（item）;
                index--;
            }
            index++;
        }
```

執行以上代碼，程序運行結果如圖 4.8 所示：

圖 4.8　程序運行結果

4.12 Panel 控件

4.12.1 Panel 控件概述

Panel 控件在頁面內為其他控件提供了一個容器。它可以將多個控件放入一個 Panel 控件中，將其作為一個單元進行控制，如顯示或隱藏這些控件。

4.12.2 Panel 控件屬性

Panel 控件屬性如表 4.12 所示：

表 4.12　Panel 控件屬性

屬性	描述
BackImageUrl	規定顯示控件背景的圖像文件的 URL
DefaultButton	規定 Panel 中默認按鈕的 ID
Direction	規定 Panel 的內容顯示方向
GroupingText	規定 Panel 中控件組的標題
HorizontalAlign	規定內容的水準對齊方式
runat	規定控件是服務器。必須設置為 "server"
ScrollBars	規定 Panel 中滾動欄的位置和可見性
Wrap	規定內容是否折行

4.12.3 例題講解

【例 4.12】通過 Button 控件對 Panel 控件進行隱藏和顯示。程序代碼如下：

```
protected void Button1_Click ( object sender, EventArgs e )
{
    if ( Button1.Text == "隱藏 panel" )
    {
        Panel1.Visible = false;
        Button1.Text = "顯示 panel";
    }
    else
    {
        Panel1.Visible = true;
        Button1.Text = "隱藏 panel";
    }
}
```

4.13 RadioButton 控件

4.13.1 RadioButton 控件概述

RadioButton 控件是單選按鈕，用戶在使用時須把所有的單選按鈕的 GroupName 屬性設置為同一個值，這樣就可以從給出的所有選項中選擇一個選項。

4.13.2 RadioButton 控件屬性

RadioButton 控件屬性如表 4.13 所示：

表 4.13 RadioButton 控件屬性

屬性	描述
AutoPostBack	設置當單擊 RadioButton 控件時，是否自動回發到服務器
Checked	設置是否選定單選按鈕
CausesValidation	設置在單擊 RadioButton 控件時，系統是否執行驗證
GroupName	設置單選按鈕所屬控件組的名稱
Text	單選按鈕旁邊的文本
TextAlign	文本應出現在單選按鈕的哪一側（左側還是右側）
Enabled	控件是否啟用

4.13.3 實例講解

【例 4.13】通過 RadioButton 控件選擇您喜歡的顏色。程序代碼如下：

```
<form id="form1" runat="server">
<div>
請選擇您喜歡的顏色：
<br>
<asp：RadioButton id="red" Text="Red" Checked="True" GroupName="colors" runat="server"/>
<br>
<asp：RadioButton id="green" Text="Green" GroupName="colors" runat="server"/>
<br>
<asp：RadioButton id="blue" Text="Blue" GroupName="colors" runat="server"/>
<br/>
<asp：Button ID="Button1" runat="server" onclick="Button1_Click" Text="提交"/>
```

```
</div>
</form>
protected void Button1_Click ( object sender, EventArgs e )
    {
        if ( red.Checked == true )
            MessageBox.Show ( "您選擇了紅色" );
        else if ( green.Checked == true )
            MessageBox.Show ( "您選擇了綠色" );
        else if ( blue.Checked == true )
            MessageBox.Show ( "您選擇了藍色" );
        else
            MessageBox.Show ( "請選擇其中一種顏色" );
    }
```

程序運行後，結果如圖4.9所示：

圖 4.9　程序運行結果

4.14　TextBox 控件

4.14.1　TextBox 控件概述

TextBox 控件用於創建文本框，用於輸入或顯示文本。TextBox 控件通常用於可編輯文本，但用戶也可以通過設置其屬性值，使其成為只讀控件。

4.14.2 TextBox 控件屬性

TextBox 控件屬性如表 4.14 所示：

表 4.14　TextBox 控件屬性

屬性	描述
AutoPostBack	規定當內容改變時，控件是否自動回傳到服務器
CausesValidation	設置當回發發生時，是否執行驗證
Columns	TextBox 的寬度（以字符為單位）
MaxLength	在 TextBox 中所允許輸入的最大字符數
ReadOnly	設置 TextBox 中內容是否允許修改
Rows	TextBox 的行數（僅在 TextMode="Multiline" 時使用）
Text	TextBox 要顯示的文本
TextMode	設置 TextBox 的行為模式（單行、多行或密碼）
Wrap	設置 TextBox 的內容是否換行
OnTextChanged	當 TextBox 中的文本被更改時，被執行的函數的名稱

4.14.3 例題講解

【例 4.14】設計一子程序，當點擊按鈕時，把 TextBox 文本框的內容拷貝到 Label 控件。

在本例中，我們在 .aspx 文件中聲明了一個 TextBox 控件，一個 Button 控件，和一個 Label 控件。當提交按鈕被觸發時，會執行 submit 子例程。這個 submit 子例程會把文本框的內容拷貝到 Label 控件。程序代碼如下：

```
<script runat="server">
    sub submit (sender As Object, e As EventArgs)
        lbl1.Text=txt1.Text
    end sub
</script>
<!DOCTYPE html>
<html>
<body>
<form id="Form1" runat="server">
    <asp:TextBox id="txt1" Text="Hello World!" Font_Face="verdana" BackColor="#0000ff" ForeColor="white" TextMode="MultiLine" Height="50" runat="server" />
    <asp:Button ID="Button1" OnClick="submit" Text="Copy Text to Label" runat="server" />
    <p><asp:Label id="lbl1" runat="server" /></p>
</form>
</body>
</html>
```

4.15 FileUpload 控件

4.15.1 FileUpload 控件概述

FileUpload 控件用於向指定目錄上傳文件,該控件包括一個文本框和一個瀏覽按鈕,用戶可以在文本框中輸入或單擊瀏覽按鈕選擇完整的上傳文件路徑,然後點擊上傳事件按鈕即可完成文件的上傳操作。

4.15.2 FileUpload 控件屬性

FileUpload 控件屬性如表 4.15 所示:

表 4.15 FileUpload 控件屬性

屬性	描述
HasFile	獲取一個布爾值,用於表示 FileUpload 控件是否已經包含一個文件
PostedFile	獲取一個與上傳文件相關的 HttpPostedFile 對象,使用該對象可以獲取上傳文件的相關屬性
FileName	獲取上傳文件在客戶端的文件名稱
FileContent	獲取指定上傳文件的 Stream 對象
FileBytes	獲取上傳文件的字節數組
ContentLength	獲得上傳文件的大小,單位是字節(byte)

4.15.3 例題講解

【例 4.15】利用 FileUpload 控件上傳文件。程序代碼如下:
```
bool flage=false;
        if(FileUpload1.HasFile)     //判斷是否選擇文件
        {
            {
                string fextension = System.IO.Path.GetExtension(FileUpload1.FileName).ToLower();   //取出 fileupload 控件中文件擴展名並轉換為小寫
                string [] fex = { ".doc", ".docx", ".gif", ".bmp", ".jpg", ".jpeg", ".png" };
                for(int i = 0; i < fex.Length; i++)
                    if(fex [i] == fextension)
                        flage = true;
            }
            if(flage == true)
```

```
            }
                FileUpload1.SaveAs（Server.MapPath（"~/upload/"）+FileUpload1.FileName）;
                MessageBox.Show（"上傳成功"）;
            }
            else
                MessageBox.Show（"上傳文件類型不符合"）;
        }
        else
            MessageBox.Show（"請選擇您要上傳的文件"）;
```

習題

1. 編寫一個簡單的計算器，使其能夠實現正整數的加、減、乘、除4種運算，設計界面如圖4.10所示。

圖4.10 簡單計算器

2. 用C#編寫一個提供常用網址的程序，使其可以快捷訪問百度、新浪、騰訊、搜狐、網易等網站。設計界面如圖4.11所示：

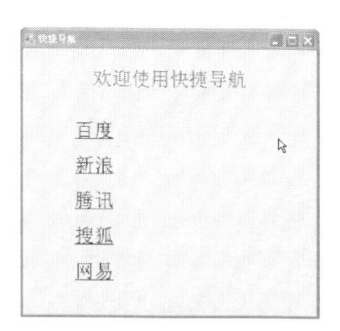

圖4.11 常用網址連結

3. 設計一個轉換英文大小寫的程序，使其在輸入字符時，自動將英文字母分別轉換為大小寫兩種格式。設計界面如圖 4.12 所示：

圖 4.12　大小寫轉換

4. 設計一個簡單的顯示圖片及圖片文件名的程序。要求：利用 PictureBox 顯示圖片，利用 Lable 顯示圖片名稱，圖片放在 ImageList 組件中。運行界面如圖 4.13 所示：

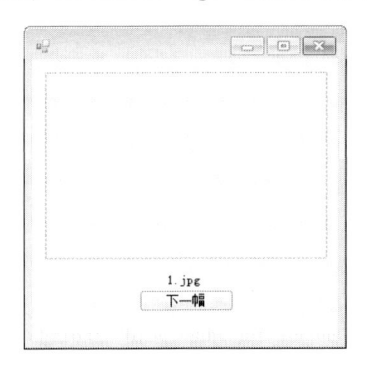

圖 4.13　圖片顯示

5. 簡述 Label、LinkButton、TextBox、CheckBox、CheckBoxList、RadioButtonList、DropDownList 控件的用途。

6. 利用 Calendar 控件創建一個 Web 頁面。要求：週六、週日對應的列加上邊框；當在日曆中選擇 1 月 1 日、3 月 12 日、5 月 1 日、6 月 1 日、7 月 1 日、8 月 1 日、9 月 10 日、10 月 1 日時，在頁面下面顯示相應的節日信息（元旦節、植樹節、勞動節、兒童節、建黨節、建軍節、教師節、國慶節）。

5 數據驗證控件

ASP.NET 提供了一組驗證控件，對客戶端用戶的輸入進行驗證，如果數據未通過驗證，則向用戶提示其輸入了錯誤的消息。

具體驗證控件如表 5.1 所示：

表 5.1 驗證控件

驗證控件	描述
CompareValidator	把一個輸入控件的值與另一個輸入控件的值進行對比，也可以驗證確保輸入的是數字、日期等
CustomValidator	自定義驗證控件，允許用戶編寫一個方法，來處理輸入值的驗證
RangeValidator	數據範圍驗證控件，檢查用戶輸入值是否介於兩個值之間
RegularExpressionValidator	數據格式驗證控件，可以驗證用戶輸入是否與預定義的模式相匹配
RequiredFieldValidator	非空數據驗證控件
ValidationSummary	顯示網頁中所有驗證錯誤的報告

5.1 CompareValidator 控件

5.1.1 CompareValidator 控件概述

CompareValidator 控件用於將一個輸入控件的值與另一個輸入控件的值或常數值進行比較。

5.1.2 CompareValidator 控件屬性

CompareValidator 控件屬性如表 5.2 所示：

表 5.2　CompareValidator 控件屬性

屬性	描述
ControlToCompare	要與所驗證的控件進行比較的控件 ID
ControlToValidate	要驗證的控件的 ID，注意：該 ID 必須和驗證控件在相同的容器中
Display	驗證控件的顯示方式。 None – 控件不顯示。僅用於 ValidationSummary 控件中顯示錯誤消息。 Static – 如果驗證失敗，控件顯示為錯誤消息。即使輸入通過驗證，也要在頁面上預留顯示消息的空間，即用於顯示消息的空間是預先分配好的。 Dynamic – 如果驗證失敗，控件顯示為錯誤消息。如果輸入通過驗證，頁面上不預留顯示消息的空間，即用於顯示消息的空間是動態添加的
Enabled	布爾值，規定是否啟用驗證控件
ErrorMessage	當驗證失敗時，在 ValidationSummary 控件中顯示的錯誤信息
Operator	設置要執行的比較操作的類型
Text	當驗證失敗時顯示的消息，如 Display 為 Static，不出錯時顯示該文本
Type	設置比較的兩個值的數據類型，默認為 String
ValueToCompare	設置要比較的值

5.1.3　例題講解

【例 5.1】CompareValidator 控件驗證兩個文本框內容是否一致。程序代碼如下：

```
<form id="form1" runat="server">
<table border="0" bgcolor="#b0c4de">
    <tr valign="top">
        <td colspan="4"><h4>兩個文本框內容一致性驗證</h4></td>
    </tr>
    <tr valign="top">
        <td><asp：TextBox id="txt1" runat="server" /></td>
        <td> = </td>
        <td><asp：TextBox id="txt2" runat="server" /></td>
        <td><asp：Button ID="Button1" Text="Validate" runat="server" /></td>
    </tr>
    <tr>
        <td colspan="4"><asp：CompareValidator id="compval" Display="dynamic" ControlToValidate="txt1" ControlToCompare="txt2" ForeColor="red" BackColor="yellow" Type="String" Text="兩文本框內容不一致!" runat="server" /></td>
    </tr>
</table>
</form>
```

本實例聲明了兩個 TextBox 控件，一個 Button 控件和一個 CompareValidator 控件。

如果驗證失敗，將在 CompareValidator 控件中使用黃色背景、紅色字體顯示「兩文本框內容不一致！」文本。

5.2 CustomValidator 控件

5.2.1 CustomValidator 控件概述

當現有的驗證控件無法滿足要求時，用戶可以自定義一個服務器端驗證函數，然後使用自定義驗證控件（CustomValidator）來調用函數，從而對輸入控件執行用戶定義的驗證。

5.2.2 CustomValidator 控件屬性

CustomValidator 控件屬性如表 5.3 所示：

表 5.3　CustomValidator 控件屬性

屬性	描述
ClientValidationFunction	規定要被執行的客戶端腳本函數的名稱。註釋：腳本必須用瀏覽器支持的語言編寫，比如 VBScript 或 JScript 使用 VBScript 時，函數必須位於表單內： Sub FunctionName（source，arguments） 使用 JScript 時，函數必須位於表單內： Function FunctionName（source，arguments）
Display	驗證控件的顯示行為。合法值有： None – 控件不顯示。僅用於 ValidationSummary 控件中顯示錯誤消息。 Static – 如果驗證失敗，控件顯示錯誤消息。即使輸入通過驗證，也在頁面上預留顯示消息的空間，即用於顯示消息的空間是預先分配好的。 Dynamic – 如果驗證失敗，控件顯示錯誤消息。如果輸入通過驗證，頁面上不預留顯示消息的空間，即用於顯示消息的空間是動態添加的
Enabled	布爾值，規定是否啟用驗證控件
ErrorMessage	當驗證失敗時，在 ValidationSummary 控件中顯示的文本。註釋：如果未設置 Text 屬性，文本也會顯示在驗證控件中
Text	當驗證失敗時顯示的消息

5.2.3 例題講解

【例 5.2】使用 CustomValidator 控件驗證輸入用戶名長度是否合法。程序代碼如下：

<script　runat="server">
Sub user（source As object，args As ServerValidateEventArgs）
　if len（args.Value）<8 or len（args.Value）>16 then
　　args.IsValid=false
　else
　　args.IsValid=true

```
        end if
End Sub
</script>
<! DOCTYPE html>
<html>
<body>
    <form id="form1" runat="server">
    <div>
    <asp：Label ID="Label1" runat="server" Text="用戶名："/>
    <asp：TextBox id="txt1" runat="server"/>
    <asp：Button ID="Button1" Text="提交" runat="server"/>
    <br/>
    <asp：Label id="mess" runat="server"/>
    <br/>
        <asp：CustomValidator ID="CustomValidator1" ControlToValidate="txt1"
OnServerValidate="user" Text="用戶名必須為8~16位！" runat="server"/>
    </div>
    </form>
</body>
</html>
```

本例 user（）函數可檢測文本框輸入值的長度，如果長度小於 8 或大於 16，將在 CustomValidator 控件中顯示文本「用戶名必須為 8~16 位！」。

5.3 RangeValidator 控件

5.3.1 RangeValidator 控件概述

RangeValidator 控件（數據範圍驗證控件）用於檢測用戶輸入的值是否在指定範圍之內，可以對不同類型的值進行比較，比如數字、日期和字符。

注意：如果輸入控件為空，驗證不會失敗，請使用 RequiredFieldValidator 控件，使字段必需（必填）。同時如果輸入值無法轉換為指定的數據類型，驗證也不會失敗，請使用 CompareValidator 控件，將其 Operator 屬性設置為 ValidationCompareOperator.DataTypeCheck，這樣就可以校驗輸入值的數據類型了。

5.3.2 RangeValidator 控件屬性

RangeValidator 控件屬性如表 5.4 所示：

表 5.4 RangeValidator 控件屬性

屬性	描述
Display	設置錯誤信息的顯示方式
ErrorMessage	當驗證失敗時，在 ValidationSummary 控件中顯示的文本
IsValid	獲取或設置一個值，指示由 ControlToValidate 指定的控件是否通過驗證，默認值為 true
MaximumValue	規定輸入控件的最大值，默認值為空字符串
MinimumValue	規定輸入控件的最小值，默認值為空字符串
Type	規定要檢測的值的數據類型。類型有：Currency、Date、Double、Integer、String
Text	當驗證失敗時顯示的消息，如果 Display 為 static，不出錯時顯示該文本

5.3.3 例題講解

【例 5.3】驗證輸入的日期是否在規定的範圍內。程序代碼如下：

<!DOCTYPE html>

<html>

<body>

<form id="Form1" runat="server">

請輸入一個日期，範圍為 2019-01-01 至 2019-12-31。

<asp：TextBox id="tbox1" runat="server" />

<asp：Button ID="Button1" Text="提交" runat="server" />

<asp：RangeValidator ID="RangeValidator1" ControlToValidate="tbox1" MinimumValue="2019-01-01" MaximumValue="2019-12-31" Type="Date" EnableClientScript="false" Text="日期必須為 2019-01-01 至 2019-12-31!" runat="server" />

</form>

</body>

</html>

本例驗證輸入的日期是否在規定的日期範圍內，如果驗證失敗，將在 RangeValidator 控件中顯示文本「日期必須為 2019-01-01 至 2019-12-31!」。

【例 5.4】驗證輸入的成績是否在 0~100 之間。程序代碼如下：

<html xmlns="http://www.w3.org/1999/xhtml">

<head runat="server">

　　<title></title>

</head>

```
<body>
    <form id="form1" runat="server">
    <div>
        姓名：<asp：TextBox ID="TextBox1" runat="server"></asp：TextBox>
        <br />
        成績：<asp：TextBox ID="TextBox2" runat="server"></asp：TextBox>
        <asp：RangeValidator ID="RangeValidator1" runat="server"
            ControlToValidate="TextBox2" ErrorMessage="成績必須為 0-100 分"
MaximumValue="100" MinimumValue="0" Type="Double"></asp：RangeValidator>
        <br />
        <asp：Button ID="Button1" runat="server" Text="提交" />
    </div>
    </form>
</body>
</html>
```

在本例中，我們在 .aspx 文件中聲明了兩個 TextBox 控件，一個 Button 控件和一個 RangeValidator 控件。如果驗證失敗，則在 RangeValidator 控件中顯示「成績必須為 0-100 分」。

實例運行後結果如圖 5.1 所示：

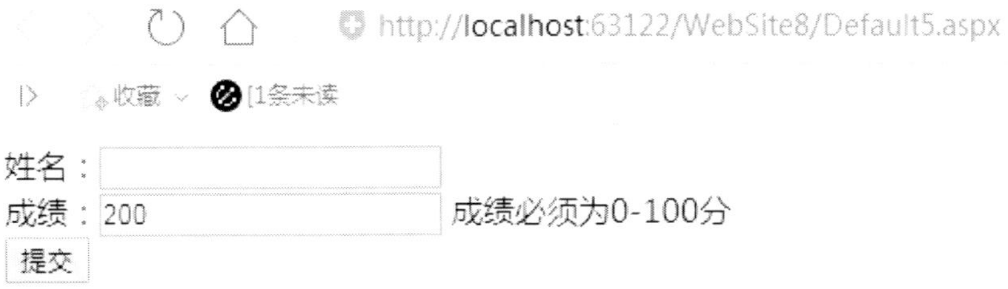

圖 5.1　程序運行結果

5.4　RegularExpressionValidator 控件

5.4.1　RegularExpressionValidator 控件概述

RegularExpressionValidator 控件用於驗證輸入值是否匹配指定的模式，這樣就可以對電話號碼、郵編、身分證號碼等進行驗證。RegularExpressionValidator 控件允許有多種有效模式，每個有效模式之間使用「|」字符來分割，預定義模式需要使用正則表達式定義。

5.4.2 RegularExpressionValidator 控件屬性

RegularExpressionValidator 控件屬性如表 5.5 所示：

表 5.5　RegularExpressionValidator 控件屬性

屬性	描述
ControlToValidate	要驗證的控件的 ID，此屬性不能為空，如果沒有指定有效的輸入控件，則系會在顯示頁面時發生異常
Display	驗證控件的顯示行為。 None － 控件不顯示。僅用於 ValidationSummary 控件中顯示錯誤消息。 Static － 如果驗證失敗，控件顯示錯誤消息。即使輸入通過驗證，也在頁面上預留顯示消息的空間，即用於顯示消息的空間是預先分配好的。 Dynamic － 如果驗證失敗，控件顯示錯誤消息。如果輸入通過驗證，頁面上不預留顯示消息的空間，即用於顯示消息的空間是動態添加的
ErrorMessage	驗證失敗時在 ValidationSummary 控件中顯示的文本。註釋：如果未設置 Text 屬性，文本也會顯示在驗證控件中
IsValid	設置錯誤信息的顯示方式
Text	驗證失敗時顯示的消息；如果 Display 為 Static，不出錯時顯示該文本
ValidationExpression	獲取或設置指定為驗證條件的正則表達式。在客戶端和服務器上，表達式的語法是不同的，JScript 用於客戶端，在服務器上，根據相應的語言使用

常用正則表達式字符及含義如表 5.6 所示：

表 5.6　常用正則表達式字符及含義

符號	含義	使用舉例
.	代表任意字符	.{3}，表示輸入任意 3 個字符，其中 {3} 限定輸入字符的個數
[ ]	用於可以輸入的字符	[ab12] 表示只允許輸入 a，b，1，2 [a-z0-9] 表示可以輸入 a-z 的所有字母和 0-9 數字 [a-z]@[a-z0-9] 表示@前為小寫字母，@後為小寫字母或數字或者他們的組合
{ }	用於定義輸入字符的個數	{5} 表示必須輸入 5 個字符 {5, 10} 表示輸入的字符個數為 5-10 之間 {5,} 表示輸入字符必須 5 個或 5 個以上 注意：前面要有字符
|	表示邏輯「或」	[a-z]{2, 4} | [0-9]{2, 4} 表示可以輸入 2-4 個小寫字母或 2-4 個數字
.	代表任意字符	.{3}，表示輸入任意 3 個字符，其中 {3} 限定輸入字符的個數
[ ]	用於可以輸入的字符	[ab12] 表示只允許輸入 a，b，1，2 [a-z0-9] 表示可以輸入 a-z 的所有字母和 0-9 數字 [a-z]@[a-z0-9] 表示@前為小寫字母，@後為小寫字母或數字或者他們的組合

續表

符號	含義	使用舉例
{}	用於定義輸入字符的個數	{5} 表示必須輸入 5 個字符 {5, 10} 表示輸入的字符個數為 5~10 之間 {5,} 表示輸入字符必須 5 個或 5 個以上 注意：前面要有字符
|	表示邏輯「或」	[a~z] {2, 4} | [0~9] {2, 4} 表示可以輸入 2~4 個小寫字母或 2~4 個數字
+	至少匹配前面表達式 1 次	表示最少輸入 1 個字符，最多到無限多個字符，例如： [a~zA~Z] +表示不限制數目，接受 a~z 或 A~Z 的字符，但是至少輸入一個字符
\d	匹配任何一個數字 (0~9)	\d {6}：表示 6 個數字，例如郵政編碼 \d *：表示任意個數字 \d {3, 4} - \d {7, 8}：表示固定電話號碼 \d {2} - \d {5}：由兩位數字、一個連字符串再加 5 位數字
\D	匹配任何一個非數字 (^0~9)	\D {6}：表示 6 個非數字

5.4.3 例題講解

【例 5.5】通過 RegularExpressionValidator 控件的相關屬性來驗證用戶輸入的出生日期、身分證號碼、電話號碼和 Email 格式是否正確。

界面設計如圖 5.2 所示：

圖 5.2　界面設計效果

分別設置 RegularExpressionValidator 控件 ControlToValidate 屬性、ErrorMessage 屬性、ForeColor 屬性、SetFocusOnError 屬性和 ValidationExpress 屬性等。

程序代碼如下：

```
<html xmlns = "http://www.w3.org/1999/xhtml">
<head runat = "server">
    <title></title>
    <style type = "text/css">
```

```
            .style1
            {
                width: 58%;
                height: 222px;
            }
            .style2
            {
                text-align: right;
                width: 121px;
            }
        </style>
    </head>
    <body>
        <form id="form1" runat="server">
        <div>
            <table align="center" cellpadding="5" cellspacing="5" class="style1">
                <tr>
                    <td colspan="2" style="text-align: center">
                        用戶信息</td>
                </tr>
                <tr>
                    <td class="style2">
                        用戶名: </td>
                    <td class="style3">
                        <asp:TextBox ID="TextBox1" runat="server" Width="180px"></asp:TextBox>
                    </td>
                </tr>
                <tr>
                    <td class="style2">
                        出生日期: </td>
                    <td class="style3">
                        <asp:TextBox ID="TextBox2" runat="server" Width="180px"></asp:TextBox>
                        <asp:RegularExpressionValidator ID="RegularExpressionValidator1" runat="server" ErrorMessage="出生日期格式不正確" ForeColor="#990000" SetFocusOnError="True" ValidationExpression="^(19|20)\d{2}-(1[0-2]|0?[1-9])-(0?[1-9]|[1-2][0-9]|3[0-1])"></asp:RegularExpressionValidator>
                    </td>
```

            </tr>
            <tr>
                <td class="style2">
                    身分證號碼：</td>
                <td class="style3">
                    <asp：TextBox ID="TextBox3" runat="server" Width="179px"></asp：TextBox>
                    <asp：RegularExpressionValidator ID="RegularExpressionValidator2" runat="server" ControlToValidate="TextBox3" ErrorMessage="身分證號碼格式不正確" ForeColor="#990000" SetFocusOnError="True" ValidationExpression="^[1-9]\d{7}((0\d)|(1[0-2]))(([0|1|2]\d)|3[0-1])\d{3}$|^[1-9]\d{5}[1-9]\d{3}((0\d)|(1[0-2]))(([0|1|2]\d)|3[0-1])\d{3}([0-9]|X)"></asp：RegularExpressionValidator>
                </td>
            </tr>
            <tr>
                <td class="style2">
                    電話號碼：</td>
                <td class="style3">
                    <asp：TextBox ID="TextBox4" runat="server" Width="179px"></asp：TextBox>
                    <asp：RegularExpressionValidator ID="RegularExpressionValidator3" runat="server" ControlToValidate="TextBox4" ErrorMessage="電話號碼格式不正確" ForeColor="#990000" SetFocusOnError="True" ValidationExpression="(\d{11})|^((\d{7,8})|(\d{4}|\d{3})-(\d{7,8})|(\d{4}|\d{3}|\d{2}|\d{1})|(\d{7,8})-(\d{4}|\d{3}|\d{2}|\d{1}))"></asp：RegularExpressionValidator>
                </td>
            </tr>
            <tr>
                <td class="style2">
                    Email：</td>
                <td class="style3">
                    <asp：TextBox ID="TextBox5" runat="server" Width="178px"></asp：TextBox>
                    <asp：RegularExpressionValidator ID="RegularExpressionValidator4" runat="server" ControlToValidate="TextBox5" ErrorMessage="Email 地址格式錯誤" ForeColor="#990000" SetFocusOnError="True" ValidationExpression="^[_a-

```
                    z0-9-］+（\．［_ a-z0-9-］+）* @ ［a-z0-9-］+（\．［a-z0-9-］+）*（\．
                    ［a-z］{2,}）"></asp：RegularExpressionValidator>
                </td>
            </tr>
            <tr>
                <td class="style4">
                     ；</td>
                <td class="style3">
                    <asp：Button ID="Button1" runat="server" Text="驗證" />
                </td>
            </tr>
        </table>
    </div>
    </form>
</body>
</html>
```

5.5 RequiredFieldValidator 控件

5.5.1 RequiredFieldValidator 控件概述

當某個字段不能為空時，可以使用非空數據驗證控件（RequiredFieldValidator），該控件用於文本框的非空驗證。在網頁提交到服務器前，該控件驗證控件的輸入值是否為空，如果為空，則顯示錯誤信息和提示信息。

5.5.2 RequiredFieldValidator 控件屬性

RequiredFieldValidator 控件屬性如表 5.7 所示：

表 5.7　RequiredFieldValidator 控件屬性

屬性	描述
ControlToValidate	要驗證的控件的 ID，此屬性必須設置為輸入控件 ID。如果沒有指定有效輸入控件，則在顯示頁面時引發異常
Display	驗證控件錯誤信息的顯示方式
Enabled	布爾值，規定是否啟用驗證控件
ErrorMessage	驗證失敗時在 ValidationSummary 控件中顯示的文本
InitialValue	定輸入控件的初始值（開始值）。默認是 ""
IsValid	布爾值，指示由 ControlToValidate 指定的控件是否通過驗證

續表

屬性	描述
Text	當驗證失敗時顯示的消息

5.5.3 例題講解

【例5.6】本例通過 RequiredFieldValidator 控件的相關屬性來驗證用戶是否輸入用戶名。

界面設計如圖5.3所示：

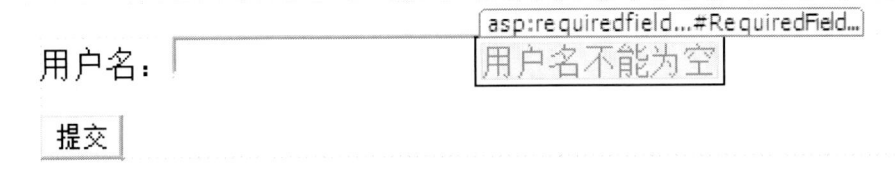

圖 5.3　界面設計效果

分別設置 RequiredFieldValidator 控件 ControlToValidate 屬性、ErrorMessage 屬性、ForeColor 屬性和 SetFocusOnError 屬性等。

程序代碼如下：

```
<html xmlns="http://www.w3.org/1999/xhtml">
<head runat="server">
    <title></title>
</head>
<body>
    <form id="form1" runat="server">
    <div>
        用戶名：<asp:TextBox ID="TextBox1" runat="server"></asp:TextBox>
        <asp:RequiredFieldValidator ID="RequiredFieldValidator1" runat="server" ControlToValidate="TextBox1" ErrorMessage="用戶名不能為空" ForeColor="#990000" SetFocusOnError="True">用戶名不能為空</asp:RequiredFieldValidator>
        <br />
        <br />
        <asp:Button ID="Button1" runat="server" Text="提交" />
    </div>
    </form>
</body>
</html>
```

5.6 ValidationSummary 控件

5.6.1 ValidationSummary 控件概述

ValidationSummary 控件用於顯示網頁中所有驗證錯誤的摘要。錯誤列表可以通過列表、項目符號列表或單個段落的形式進行顯示。在該控件中顯示的錯誤消息是由每個驗證控件的 ErrorMessage 屬性規定的。如果未設置驗證控件的 ErrorMessage 屬性，就不會為那個驗證控件顯示錯誤消息。

5.6.2 ValidationSummary 控件屬性

ValidationSummary 控件屬性如表 5.8 所示：

表 5.8　ValidationSummary 控件屬性

屬性	描述
DisplayMode	設置錯誤信息的顯示格式。合法值有：BulletList、List、SingleParagraph
EnableClientScript	是否啟用客戶端驗證，默認值為 true
HeaderText	ValidationSummary 控件中的標題文本
ShowMessageBox	是否以彈框方式顯示每個被驗證控件的錯誤信息
ShowSummary	是否使用錯誤匯總信息
Validate	執行驗證並且更新 IsValid 屬性

5.6.3 例題講解

【例 5.7】本例通過 ValidationSummary 控件將錯誤信息的摘要一起顯示。
界面設計如圖 5.4 所示：

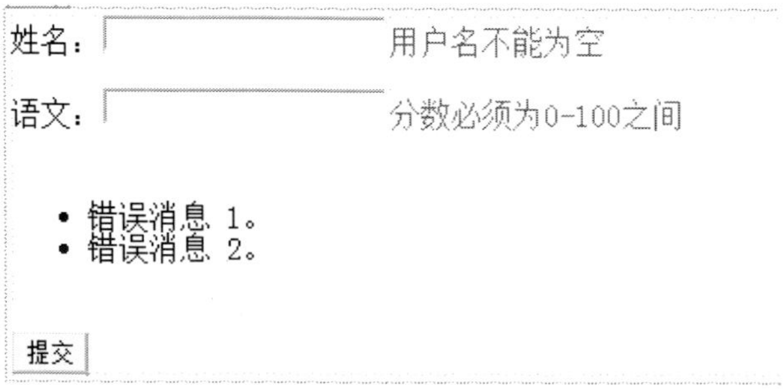

圖 5.4　界面設計效果

設置 RequiredFieldValidator 控件的 ControlToValidate 屬性、ErrorMessage 屬性、ForeColor 屬性和 SetFocusOnError 屬性等。

設置 RangeValidator 控件的 ControlTovalidate 屬性、ErrorMessage 屬性、ForeColor 屬

性、MaximumValue 屬性、MinimumValue 屬性和 Type 屬性。

設置 ValidationSummary 控件的 ShowMessageBox 屬性和 ShowSummary 屬性。

程序代碼如下：

```
<html xmlns="http://www.w3.org/1999/xhtml">
<head runat="server">
    <title></title>
</head>
<body>
    <form id="form1" runat="server">
    <div>
        姓名：<asp:TextBox ID="TextBox1" runat="server"></asp:TextBox>
        <asp:RequiredFieldValidator ID="RequiredFieldValidator1" runat="server" ControlToValidate="TextBox1" ErrorMessage="用戶名不能為空" ForeColor="#990000" SetFocusOnError="True">用戶名不能為空</asp:RequiredFieldValidator>
        <br />
        <br />
        語文：<asp:TextBox ID="TextBox2" runat="server"></asp:TextBox>
        <asp:RangeValidator ID="RangeValidator1" runat="server" ControlToValidate="TextBox2" ErrorMessage="分數必須為0-100之間" ForeColor="#990000" MaximumValue="100" MinimumValue="0" Type="Integer"></asp:RangeValidator>
        <br />
        <asp:ValidationSummary ID="ValidationSummary1" runat="server"
            ShowMessageBox="True" ShowSummary="False" />
        <br />
        <asp:Button ID="Button1" runat="server" onclick="Button1_Click" Text="提交" />
    </div>
    </form>
</body>
</html>
```

實例程序運行結果如圖 5.5 所示：

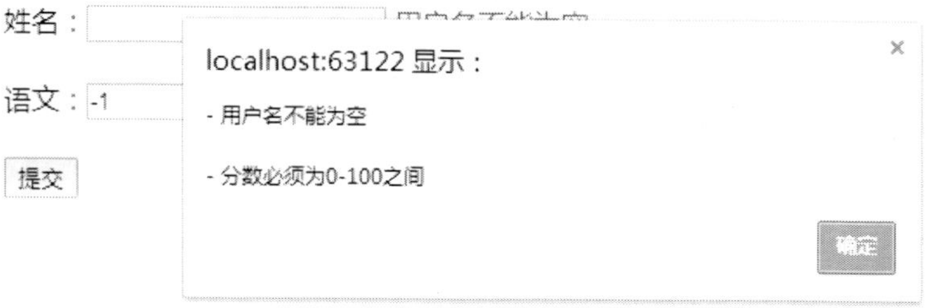

圖 5.5　程序運行結果

習題

設計一用戶註冊頁面，分別對用戶名長度、密碼和確認密碼一致及長度、姓名長度、身分證號碼的正確性、聯繫電話的正確性作驗證。新用戶註冊界面如圖 5.6 所示：

圖 5.6　新用戶註冊

6 使用 OLE DB 操作數據庫

6.1 OLE DB 簡介

OLE DB 是微軟用以統一方式訪問不同的數據源的應用程序接口。OLE DB 不僅包括微軟資助的標準數據接口開放數據庫連通性（ODBC）的結構化查詢語言（SQL）能力，還具有面向其他非 SQL 數據類型的通路。

作為微軟的組件對象模型（COM）的一種設計，OLE DB 是一組讀寫數據的方法。OLE DB 中的對象主要包括數據源對象、階段對象、命令對象和行組對象。使用 OLE DB 的應用程序會用到如下的請求序列：初始化 OLE 連接到數據源、發出命令、處理結果、釋放數據源對象並停止初始化 OLE，對象連接與嵌入，簡稱 OLE 技術。OLE 不僅是桌面應用程序集成，而且還定義和實現了一種允許應用程序作為軟件「對象」（數據集合和操作數據的函數）彼此進行「連接」的機制，這種連接機制和協議稱為部件對象模型。

OLE 是一種面向對象的技術，利用這種技術可開發可重複使用的軟件組件（COM）。DB（英文全稱 data base，數據庫）是依照某種數據模型組織起來並存放二級存儲器中的數據集合。

OLE DB 組件模型中的各個部分被賦予不同的名稱：

數據提供者（data provider）。它是提供數據存儲的軟件組件，小到普通的文本文件、大到主機上的複雜數據庫，或者電子郵件存儲，都是數據提供者的例子。有的文檔把這些軟件組件的開發商也稱為數據提供者。

數據服務提供者（data service provider）。數據服務提供者位於數據提供者之上、從過去的數據庫管理系統中分離出來獨立運行的功能組件，例如查詢處理器和遊標引擎（cursor engine），這些組件使得數據提供者提供的數據以表狀數據（tabular data）的形式向外表示，並實現數據的查詢和修改功能。

業務組件（business component）。任務組件是利用數據服務提供者、專門完成某種特定業務信息處理、可以重用的功能組件。

數據消費者（Data Consumer）。數據消費者是指任何需要訪問數據的系統程序或應用程序，它除了典型的數據庫應用程序之外，還包括需要訪問各種數據源的開發工具或語言。

OLE DB 與 ODBC 的關係：

由於 OLE DB 和 ODBC 標準都是為了提供統一的訪問數據接口，所以曾經有人疑惑：OLE DB 是不是替代 ODBC 的新標準？答案是否定的。實際上，ODBC 標準的對象是基於 SQL 的數據源（SQL-Based Data Source），而 OLE DB 的對象則是範圍更為廣泛的任何數據存儲。從這個意義上說，符合 ODBC 標準的數據源是符合 OLE DB 標準的數據存儲的子集。符合 ODBC 標準的數據源要符合 OLE DB 標準，還必須提供相應的 OLE DB服務程序（service provider），就像 SQL Server 要符合 ODBC 標準，就必須提供 SQL Server ODBC 驅動程序一樣。現在，微軟已經為所有的 ODBC 數據源提供了一個統一的 OLE DB 服務程序，叫作 ODBC OLE DB Provider。

6.2 OleDBConnection 對象屬性

（1）ConnectionString：String 類型，唯一的非只讀屬性，控制對象連接數據源的方式。ConnectionString 在連接到數據源之後，屬性為只讀。

（2）ConnectionTimeOut．Int32 類型，以秒為單位，在計時結束之前嘗試連接數據庫。Jet 和 Oracle 的數據提供者不支持這一特性。

（3）Database：String 類型，返回已連接或即將連接的數據庫名稱，專為支持多個數據庫的數據源設計。

（4）DataSource：String 類型，返回已連接或即將連接的數據源位置，基於服務器的數據存儲，它會返回服務器計算機名；基於文件的數據庫，會返回文件位置。

（5）Provider：String 類型，數據源提供者名稱。

（6）State：ConnectionState 類型，是指對象的當前狀態。

連接狀態常量與說明如表 6.1 所示：

表 6.1　連接狀態常量及說明

狀態常量	值	說明
Broke	16	表示連接已經斷開
Closed	0	連接已經關閉
Connecting	2	正在連接
Executing	4	正在執行查詢
Fetching	8	查詢正在取得數據
Open	1	連接已經打開

OleDBConnection 對象的方法如表 6.2 所示：

表 6.2　OleDBConnction 對象常用方法表

方法名	简述
BeginTransaction	在連接上啓動一個事務
ChangeDatabase	在一個打開的連接上更改當前數據庫
Close	關閉連接
CreateCommand	為當前連接創建一個 OleDbCommand
GetOleDbSchemaTable	從數據源獲取架構信息
Open	打開連接
ReleaseObjectPool	從 Ole Db 連接池中釋放連接

（1）Close（）方法：用於關閉 Connection 對象。如果你正在使用連接池，那麼這個方法只不過將與數據源的物理連接放入連接池中。

（2）CreateCommand 方法：用於創建新的 Command 對象。該方法不接受任何參數，返回一個新的 Command 對象（返回的對象的 Connection 屬性被設置為創建它的 Connection 對象）。

（3）Open 方法：用於嘗試打開一個與數據源之間的連接。如果嘗試連接失敗，將會引發異常。在一個已經打開的連接上調用 Open 方法，會先關閉再重新打開該連接。

6.3　使用 OLEDBConnection 對象連接數據庫

用戶在對數據庫進行所有的操作之前，要先建立數據庫的連接。OLE DB 數據源包含具有 OLE DB 驅動程序的任何數據源，如 SQL Server、Access、Excel 和 Oracle 等。OLE DB 數據源連接字符串必須提供 Provide 屬性及其值。

使用 OLE DB 方式連接 Access 數據庫的語法格式：

OleDbcConnection myconn = new OleDbConnection（「provider＝提供者；Data Source＝Access 文件路徑」）；

string mystr =「Provider = Microsoft.ACE.OLEDB.12.0；Data Source =」+ server.MapPath（「數據庫路徑」）；

OleDbConnection conn = new OleDbConnection（mystr）；

6.4　使用 Command 對象操作數據

用戶在使用 connection 對象與數據源建立連接後，就可以使用 Command 對象對數據源執行檢查、添加、刪除和修改等各種操作，操作實現方式可以是使用 SQL 語句，也可以是使用存儲過程。

Command 對象的常用屬性如表 6.3 所示：

表 6.3　Command 對象的常用屬性及說明

方法	說明
ExecuteNonQuery	執行 SQL 語句並返回受影響的行數
ExecuteReader	執行返回數據集的 Select 語句
ExecuteScalar	執行查詢，並返回查詢所返回的結果集中第一行的第一列

6.4.1　使用 Command 對象查詢數據

用戶在查詢數據庫中的記錄時，首先要創建 OLEDBConnection 對象連接數據庫，然後定義查詢字符串，最後將查詢的數據記錄綁定到數據控件上。

【例 6.1】使用 Command 對象查詢數據庫中記錄。

本實例主要講在 ASP.NET 應用程序中如何使用 Command 對象查詢數據庫中的記錄，執行程序，在「請輸入學號」文本框中輸入「20190101」，並單擊「查詢按鈕」，將會在界面上顯示查詢結果。程序運行結果如圖 6.1 所示：

請輸入學号：20150101　　　查詢

sno	sname	bjid
20150101	张三	1

圖 6.1　程序運行結果

程序實現的主要步驟如下：

（1）新建一個網站，在 Default2.aspx 頁面上分別添加一個 TextBox 控件、一個 Button 控件和一個 GridView 控件，並把 Button 控件的 Text 屬性設為「查詢」。

（2）在 Web.config 文件中配置數據庫連接字符串，在配置節<configuration>下的子配置節<appSettings>中添加連接字符串，代碼如下：

<configuration>
　<appSettings>
　　< add key = " CONN" value = " Provider = Microsoft.ACE.OLEDB.12.0；Data Source = " / >
　　<add key = " dbPath" value = " ~/aaa.accdb" />
　</appSettings>
<connectionStrings>

（3）在「查詢」按鈕的 Click 事件下，使用 Command 對象查詢數據庫中的記錄，並將查詢結果顯示出來。代碼如下：

using System；
using System.Collections.Generic；
using System.Linq；

```csharp
using System.Web;
using System.Web.UI;
using System.Web.UI.WebControls;
using System.Data.OleDb;
using System.Configuration;
using Microsoft.VisualBasic;
using System.Windows.Forms;

public partial class Default7 : System.Web.UI.Page
{
    public OleDbConnection getconnection()
    {
        string mystr = System.Configuration.ConfigurationManager.AppSettings["CONN"].ToString() + System.Web.HttpContext.Current.Server.MapPath(ConfigurationManager.AppSettings["dbpath"] + ";");
        OleDbConnection conn = new OleDbConnection(mystr);
        return conn;
    }
    protected void bind()
    {
        OleDbConnection conn1 = getconnection();
        string sql = "select * from stu where sno='" + TextBox1.Text + "'";
        OleDbCommand mycmd = new OleDbCommand(sql, conn1);
        mycmd.Connection = conn1;
        conn1.Open();
        OleDbDataReader dr;
        dr = mycmd.ExecuteReader();
        GridView1.DataSource = dr;
        GridView1.DataBind();
        dr.Dispose();
        mycmd.Dispose();
        conn1.Close();
    }
    protected void bind1()
    {
        OleDbConnection conn1 = getconnection();
        string sql = "select * from stu";
        OleDbCommand mycmd = new OleDbCommand(sql, conn1);
        mycmd.Connection = conn1;
```

```
            conn1.Open();
            OleDbDataReader dr;
            dr = mycmd.ExecuteReader();
            GridView1.DataSource = dr;
            GridView1.DataBind();
            dr.Dispose();
            mycmd.Dispose();
            conn1.Close();
        }
        protected void Page_Load(object sender, EventArgs e)
        {
            if(!IsPostBack)
            {
                bind1();
            }
        }
        protected void Button1_Click(object sender, EventArgs e)
        {
            if(TextBox1.Text!="")
            {
                bind();
            }
            else
            {
                MessageBox.Show("請在文本框中輸入學號?");
            }
        }
```

6.4.2 使用 command 對象添加數據

用戶向數據庫添加記錄時，首先要創建 OLEDBConnection 對象連接數據庫，然後定義添加記錄的 SQL 字符串，最後調用 OLEDBConnection 對象的 ExecuteNonQuery 方法執行記錄的添加操作。

【例 6.2】使用 Command 對象添加記錄。

本實例主要講在 ASP.NET 應用程序中如何使用 Command 對象向數據庫添加記錄，執行程序，在文本框輸入學生的學號、姓名和班級編號，單擊「添加」按鈕，將會把記錄添加到數據庫。程序運行結果如圖 6.2 所示：

圖 6.2　程序運行結果

程序實現的主要步驟如下：

（1）打開例 6.1，在 Default2. aspx 頁面上分別添加 3 個 TextBox 控件、一個 Button 控件，並把 Button 控件的 Text 屬性設為「添加」。

（2）在「添加」按鈕的 Click 事件下，使用 Command 對象將文本框中值添加到數據庫中，並將其顯示出來，代碼如下：

```
protected void Button2_Click (object sender, EventArgs e)
    {
        if (TextBox2.Text != "" && TextBox3.Text != "" && TextBox4.Text != "")
        {
            OleDbConnection conn1 = getconnection ();
            string sql = "insert into stu values ('" + TextBox2.Text + "','" + TextBox3.Text + "','" + TextBox4.Text + "')";
            OleDbCommand mycmd = new OleDbCommand (sql, conn1);
            conn1.Open ();
            mycmd.ExecuteNonQuery ();
            mycmd.Dispose ();
            conn1.Close ();
            bind1 ();
        }
    }
```

6.4.3　使用 Command 對象修改數據

用戶在修改數據庫中的記錄時，首先要創建 OLEDBConnection 對象連接數據庫，然後定義修改記錄的 SQL 字符串，最後調用 OLEDBConnection 對象的 ExecuteNonQuery 方法執行記錄的修改操作。

【例 6.3】使用 Command 對象修改記錄。

本實例主要講在 ASP.NET 應用程序中如何使用 Command 對象修改數據表中的記錄，執行程序，點擊「編輯」按鈕，在相應的文本框中修改相應的姓名和班級 ID，點擊「更新」按鈕，即可修改數據表中的記錄。

程序運行結果如圖 6.3 所示：

图 6.3　程序运行结果

当点击「编辑」按钮，用户可以修改姓名和班级信息，程序运行结果如图 6.4 所示：

图 6.4　编辑信息界面

当编辑完相关信息后，用户点击「更新」按钮则完成修改，如果用户点击「取消」按钮，则取消该次操作。程序运行结果如图 6.5 所示：

图 6.5　确认和取消编辑界面

程序实现的主要步骤如下：

（1）打开例 6.1，将 GridView 控件的 AutoGenerateEditButton（获取或设置一个值，该值指示每个数据行是否自动添加「编辑」按钮）属性值设置为 true，将「编辑」按钮添加到 GridView 控件中。

（2）修改 bind () 方法，指定 GridView 控件绑定的关键字段。

程序代码如下：

```
protected void bind ()
{
    OleDbConnection conn1 = getconnection ();
```

```
string sql = "select * from stu;
OleDbCommand mycmd = new OleDbCommand (sql, conn1);
mycmd.Connection = conn1;
conn1.Open ();
OleDbDataReader dr;
dr = mycmd.ExecuteReader ();
GridView1.DataSource = dr;
GridView1.DataKeyNames =new string [] { "sno" };    //指定 GridView 控件
綁定的關鍵字段
GridView1.DataBind ();
dr.Dispose ();
mycmd.Dispose ();
conn1.Close ();
}
```

（3）單擊 GridView 控件上的「編輯」按鈕，將會觸發 GridView 控件的 RowEditing 事件，在該事件下，編寫代碼指定需要編輯信息行的索引值。

程序代碼如下：

```
protected void GridView1_RowEditing (object sender, GridViewEditEventArgs e)
{
    GridView1.EditIndex = e.NewEditIndex;
    bind1 ();
}
```

（4）點擊 GridView 控件上的「更新」按鈕時，將會觸發 GridView 控件的 RowUpdating 事件，在該事件下，編寫代碼對指定信息進行更新。

程序代碼如下：

```
protected void GridView1_RowUpdating (object sender, GridViewUpdateEventArgs e)
    {
        string sno = GridView1.DataKeys [e.RowIndex].Value.ToString ();
        string sname = ((System.Web.UI.WebControls.TextBox) (GridView1.Rows [e.RowIndex].Cells [2].Controls [0])).Text.ToString ();
        int classID = Convert.ToInt32 (((System.Web.UI.WebControls.TextBox) (GridView1.Rows [e.RowIndex].Cells [3].Controls [0])).Text.ToString ());
        string sql = "update stu set sname='" + sname + "', bjid=" +classID +" where sno='" + sno+"'";
        OleDbConnection conn1 = getconnection ();
        OleDbCommand mycmd = new OleDbCommand (sql, conn1);
        conn1.Open ();
        mycmd.ExecuteNonQuery ();
        mycmd.Dispose ();
```

```
            conn1.Close ();
            GridView1.EditIndex = -1;
            bind1 ();
    }
```

（5）單擊 GridView 控件上的「取消」按鈕時，將會觸發 GridView 控件的 RowCancelingEdit 事件，該事件將取消對指定信息的編輯。

程序代碼如下：
protected void GridView1_RowCancelingEdit (object sender, GridViewCancelEditEventArgs e)
```
    {
            GridView1.EditIndex = -1;
            bind1 ();
    }
```

6.4.4 使用 Command 對象刪除數據

用戶在刪除數據庫中的記錄時，首先要創建 OLEDBConnection 對象連接數據庫，然後定義刪除記錄的 SQL 字符串，最後調用 OLEDBConnection 對象的 ExecuteNonQuery 方法執行記錄的刪除操作。

【例 6.4】使用 Command 對象刪除記錄。

本實例主要講在 ASP.NET 應用程序中，用戶如何使用 Command 對象刪除數據表中的記錄、執行程序，用戶點擊「刪除」按鈕，即可刪除數據表中的記錄。

程序實現的主要步驟如下：

（1）打開 6.4.1 例題，將 GridView 控件的 AutoGenerateDeleteButton（獲取或設置一個值，該值指示每個數據行是否自動添加「刪除」按鈕）屬性值設置為 true，將「刪除」按鈕添加到 GridView 控件中。

（2）調用 bind () 方法，讀取數據庫中的信息，指定 GridView 控件綁定的關鍵字段。

（3）單擊 GridView 控件上的「刪除」按鈕時，將會觸發 GridView 控件的 RowDeleting 事件，在該事件下，編寫如下代碼刪除指定信息。

程序代碼如下：
protected void GridView1_RowDeleting (object sender, GridViewDeleteEventArgs e)
```
    {
            string sno = GridView1.DataKeys [e.RowIndex].Value.ToString ();
            string sql = "delete from stu where sno='" + sno + "'";
            OleDbConnection conn1 = getconnection ();
            OleDbCommand mycmd = new OleDbCommand (sql, conn1);
            DialogResult i = MessageBox.Show ("您確定要刪除該記錄嗎？", "刪除確認!", MessageBoxButtons.OKCancel);
            if (i == DialogResult.OK)
            {
```

```
            conn1.Open();
            mycmd.ExecuteNonQuery();
            mycmd.Dispose();
            conn1.Close();
        }
        GridView1.EditIndex = -1;
        bind1();
    }
```

習題

1. 寫一個連接到 access 數據庫的連接串，數據庫名為「stu.accdb」。
2. 編程顯示 stu.accdb 數據庫的 student 表內的所有數據。
3. 上機調試本章中的例題。

7 留言板管理系統

本章通過一個大型且較為完整的留言板管理系統，運用軟件工程的設計思想，讓讀者學習如何進行軟件項目的實戰開發。

7.1 系統分析

留言板系統面向兩類用戶：網友和管理員。網友可以留言和查看當前留言。管理員可以查看當前留言，回復留言和刪除留言。

留言板系統需要實現以下功能：網友留言、顯示留言、管理員登錄、管理員回復留言、管理員刪除留言。其中每個功能的詳細描述如下：

①網友留言：網友需要輸入自己的暱稱、QQ號、郵箱及留言內容進行留言。

②顯示留言：對網友的留言按照時間順序顯示，點擊其中某條留言則顯示相關留言內容：網友暱稱、留言時間、留言內容、管理員回復內容。

③管理員登錄：管理員在進入登錄界面後，輸入用戶名和密碼登錄，登錄後可以回復留言和刪除留言。

④管理員回復留言：管理員登錄後可回復留言，回復後的留言需要在留言列表中顯示。

⑤管理員刪除留言：管理員登錄後可刪除留言，刪除時需要彈出對話框確認再刪除。

7.2 系統功能結構

通過需求分析，留言管理系統的主要功能包括網友留言、網友修改自己的留言、網友刪除自己的留言、顯示留言、管理員登錄、管理員回復留言、管理員刪除留言等。功能模塊如圖7.1所示：

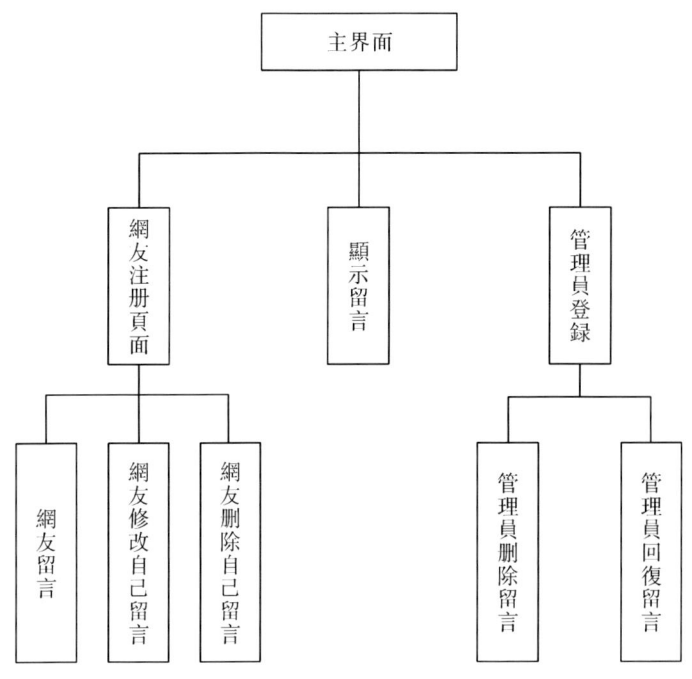

圖 7.1 功能模塊圖

7.3 數據庫與數據表設計

通過需求分析，我們可以總結出數據庫中包含如下數據表，見表 7.1-表 7.7。

表 7.1 文章表（article）

字段名	數據類型	備註
ID	自動增長型	文章編號
Userid	長整型	用戶 id
Title	文本	標題
Content	文本	內容
Replycount	整型	回復次數
Savedate	日期時間型	發布時間
Ip	文本	發布者 ip 地址
Sh	文本	是否審核

表 7.2　點擊表（click）

字段名	數據類型	備註
ID	自動增長型	點擊記錄 id
Aid	長整型	文章 id
Clickcount	整型	點擊次數

表 7.3　回復表（reply）

字段名	數據類型	備註
ID	自動增長型	回復記錄 id
Userid	長整型	用戶 id
Aid	長整型	文章 id
Reply	文本	回復內容
Savedate	日期時間型	回復時間

表 7.4　用戶表（user1）

字段名	數據類型	備註
ID	自動增長型	用戶 id
Username	文本	用戶名
Pwd	文本	密碼
Xm	文本	姓名
Qx	短整型	用戶權限
Sfz	文本	身分證號碼
Dh	文本	聯繫電話
Zyid	整型	職業 id
Mzid	整型	民族 id

表 7.5　職業表（zy）

字段名	數據類型	備註
Zyid	自動增長型	職業 id
Zy	文本	職業名稱

表 7.6　民族表（mz）

字段名	數據類型	備註
Mzid	自動增長型	民族 id
Mz	文本	民族名稱
Reply	文本	回復內容

续表

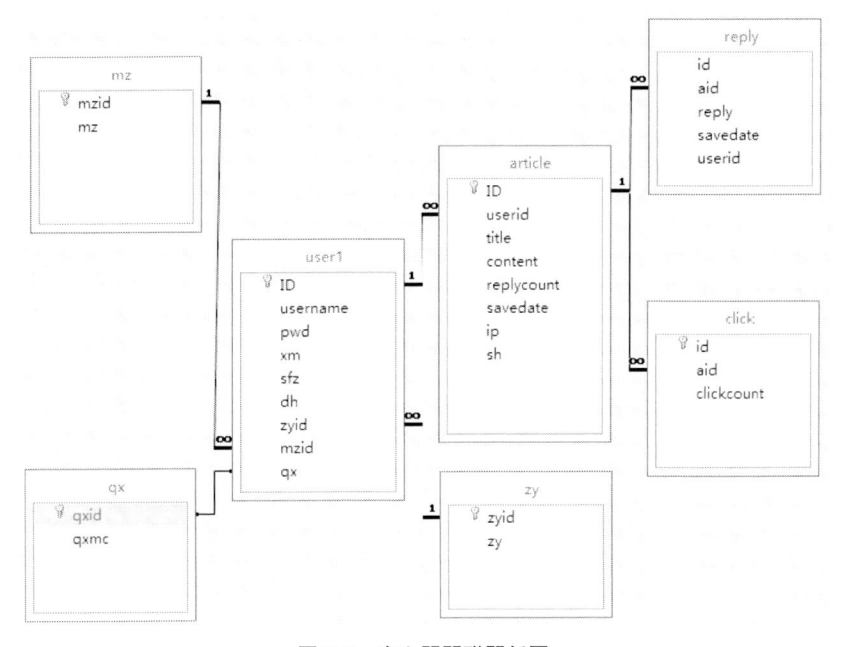

字段名	数据类型	备注
Savedate	日期时间型	回复时间

表 7.7　权限表（qx）

字段名	数据类型	备注
Qxid	数字	权限 id
Qxmc	文本	权限名称

表 7.1-表 7.7 之间的关联关系如图 7.2 所示：

图 7.2　表之间关联关系图

7.4　配置 web.config

为了方便数据操作和网页维护，用户可以将一些配置参数放在 Web.config 文件中。本实例主要在 web.config 文件中配置连接数据库的字符串。

程序代码如下：

\<configuration\>
　　\<appSettings\>
　　　　\<add key = "CONN" value = "Provider = Microsoft.ACE.OLEDB.12.0；Data Source = "/\>

```
        <add key="dbpath" value="~/ly.accdb"/>
    </appSettings>
</configuration>
```

7.5 模塊設計說明

7.5.1 瀏覽留言列表頁面實現過程

通過瀏覽留言列表頁面，用戶可以查看留言列表。運行頁面效果如圖 7.3 所示：

发布留言

文章标题	回复	日期	查看
我校参加贵州省2018年“互联网+”大学生创新创业大赛教师培训会	2 次	2018-05-16	标题
2019年9月高考英语听力考试成绩公布	4 次	2018-05-18	标题
设置新闻为推荐，但在首页没有显示标题，只显示时间	2 次	2018-05-21	标题
求助！搭好手机站为什么生成不了静态页	2 次	2019-05-27	标题
大家都用的什么虚拟主机或服务器呢？我用的三丰云的空间，很稳定，舒服~！	0 次	2019-05-27	标题
[求助]如何把tags中文url变成拼音	0 次	2019-06-01	标题
[求助]IIS版本号可以被识别，请问如何修复？	0 次	2019-06-01	标题

圖 7.3 瀏覽留言頁面

實現瀏覽留言列表頁面的步驟如下：

（1）將一個表格（table）控件置於 list.aspx 頁中，且居中排列，為整個頁面進行佈局。

（2）在表格的第一行加入一個 Button 控件，該控件實現新留言的添加操作。

（3）在表格的第二行加入一個 GridView 控件，該控件用來顯示留言。

前端代碼如下：

```
<table class="style1" align="center">
        <tr>
            <td style="text-align: right">
                <asp: Button ID="Button1" runat="server" onclick="Button1_Click"
Text="發布留言" />
            </td>
        </tr>
        <tr>
            <td>
    <asp: GridView ID="GridView1" runat="server" CaptionAlign="Bottom"
CellPadding="4" ForeColor="#333333" GridLines="Both"   AutoGenerateColumns=
"false" OnRowDataBound="GridView1_RowDataBound">
    <RowStyle BackColor="#fffbd6" ForeColor="#333333" />
```

```
<Columns>
<asp：BoundField DataField="title" HeaderText="文章標題" InsertVisible="false" ReadOnly="true" />
<asp：BoundField DataField="replycount" DataFormatString="{0}次" HeaderText="回復" />
<asp：BoundField DataField="savedate" HeaderText="日期" DataFormatString="{0:yyyy-MM-dd}"/>
<asp：HyperLinkField DataNavigateUrlFields="ID" DataNavigateUrlFormatString="view.aspx?ID={0}" HeaderText="查看" Target="_blank" Text="標題" />
</Columns>
</asp：GridView>
</td>
</tr>
</table>
```

(4) 後臺程序代碼。

數據庫連接，程序代碼如下：

```
public OleDbConnection getconnection()
{
    string mystr = System.Configuration.ConfigurationManager.AppSettings["CONN"].ToString() + System.Web.HttpContext.Current.Server.MapPath(ConfigurationManager.AppSettings["dbpath"] + ";");
    OleDbConnection conn = new OleDbConnection(mystr);
    return conn;
}
```

GridView 控件中數據顯示，程序代碼如下：

```
protected void bind()
{
    OleDbConnection conn1 = getconnection();
    string sql = "select ID, title, replycount, savedate from article";
    OleDbCommand mycmd = new OleDbCommand(sql, conn1);
    mycmd.Connection = conn1;
    conn1.Open();
    OleDbDataReader dr;
    dr = mycmd.ExecuteReader();
    GridView1.DataSource = dr;
    GridView1.DataKeyNames = new string[]{"ID"};
    GridView1.DataBind();
    dr.Dispose();
    mycmd.Dispose();
```

conn1.Close（）；
　　　}
頁面加載時調用留言顯示方法 bind（），程序代碼如下：
　　protected void Page_Load（object sender，EventArgs e）
　　　{
　　　　if（！IsPostBack）
　　　　　bind（）；
　　　}
鼠標在 GridView 控件上移動時，數據行高亮顯示，程序代碼如下：
　　protected void GridView1_RowDataBound（object sender，GridViewRowEventArgs e）
　　　{
　　　　if（e.Row.RowType == DataControlRowType.DataRow）
　　　　　{
　　　　　　e.Row.Attributes.Add（"onmouseover"，"currentcolor=this.style.backgroundColor；this.style.backgroundColor='#CDCFD8'；"）；
　　　　　　e.Row.Attributes.Add（"onmouseout"，"this.style.backgroundColor=currentcolor；"）；
　　　　　}
　　　}

7.5.2　瀏覽具體留言內容及回復留言頁面實現過程

通過瀏覽具體留言內容頁面，用戶可以查看具體的留言及留言回復信息。運行頁面效果如圖7.3所示：

| 張三 | 我校參加貴州省2018年"互聯網+"大學生創新創業大賽教師培訓會 | 2018-05-16 |

我校參加貴州省2018年"互聯網+"大學生創新創業大賽教師培

| 回復 | 李四 | 2019-10-19 |

很好，有利于与学生实践能力的提升和整体学业水平的提高。

[回复]

圖 7.3　查看留言及回復留言

實現瀏覽具體留言內容及回復留言頁面的步驟如下：

（1）將兩個 Repeater 控件至於 view.aspx 頁中，分別用來顯示留言內容和該留言的回復信息。

（2）在頁面的下端添加一個兩行一列的表格，分別用來放回復留言的文本框和回復按鈕。

前端程序代碼如下：

```
<asp：Repeater ID="Repeater1" runat="server">
    <HeaderTemplate>
        <table width="80%" border="0" align="center" cellpadding="3" cellpadding="1" bgcolor="#cccccc" style="font-size：9pt">
    </HeaderTemplate>
    <ItemTemplate>
        <tr bgcolor="#eeeeee">
            <td width="10%"> ；</td>
            <td width="27%" align="center"><%#Eval（"xm"）%></td>
            <td width="40%" align="center"><%#Eval（"title"）%></td>
            <td width="23%" align="center"><%#Eval（"savedate","{0:yyyy-MM-dd}"）%></td>
        </tr>
        <tr bgcolor="#ffffff">
            <td colspan="4"><pre><%#Eval（"content"）%></pre></td>
        </tr>
    </ItemTemplate>
    <FooterTemplate>
        </table>
    </FooterTemplate>
</asp：Repeater>
</div>
<div>
<asp：Repeater ID="Repeater2" runat="server">
<HeaderTemplate>
    <table style="font-size：9pt" width="80%" border="0" align="center" cellpadding="3" cellspacing="1" bgcolor="#cccccc">
</HeaderTemplate>
<ItemTemplate>
    <tr bgcolor="#eeeeee">
        <td width="50%" align="center">回復</td>
        <td width="27%" align="center"><%#Eval（"xm"）%></td>
        <td width="23%" align="center"><%#Eval（"savedate","{0:yyyy-MM-dd}"）%></td>
```

```
            </tr>
            <tr bgcolor="#ffffff">
                <td colspan="3"><pre><%#Eval("reply")%></pre></td>
            </tr>
        </ItemTemplate>
        <FooterTemplate>
            </table>
        </FooterTemplate>
    </asp:Repeater>
</div>
<div>
</br>
        <table width="80%" align="center">
            <tr>
                <td align="center">
                    <asp:TextBox ID="TextBox1" runat="server" Height="167px" Width="100%"></asp:TextBox>
                </td>
            </tr>
            <tr>
                <td align="center">
                    <asp:Button ID="Button1" runat="server" Text="回復" onclick="Button1_Click" />
                </td>
            </tr>
        </table>
```

後臺程序功能代碼：

定義一個全局類，用來存放變量值。

```
public class qj
{
    public static long id;
    public static string title;
}
```

獲取值的方法如下：

```
qj.id = Convert.ToInt32(Request.QueryString["ID"]);
```

顯示留言具體信息，程序代碼如下：

```
protected void bind()
{
    OleDbConnection conn1 = getconnection();
```

```
qj.id = Convert.ToInt32 (Request.QueryString ["ID"]);
string sql = "select article.ID, title, savedate, content, xm from article, user1 where user1.ID = article.userid and article.ID = " + qj.id;
OleDbCommand mycmd = new OleDbCommand (sql, conn1);
conn1.Open ();
OleDbDataReader dr;
dr = mycmd.ExecuteReader ();
Repeater1.DataSource = dr;
Repeater1.DataBind ();
dr.Dispose ();
mycmd.Dispose ();
conn1.Close ();
}
```

顯示留言回復信息，程序代碼如下：
```
protected void bind1 ()
{
OleDbConnection conn1 = getconnection ();
string sql = "select reply.savedate, reply.reply, xm from reply, user1 where user1.ID = reply.userid and aid = " + qj.id;
OleDbCommand mycmd = new OleDbCommand (sql, conn1);
mycmd.Connection = conn1;
conn1.Open ();
OleDbDataReader dr;
dr = mycmd.ExecuteReader ();
Repeater2.DataSource = dr;
Repeater2.DataBind ();
dr.Dispose ();
mycmd.Dispose ();
conn1.Close ();
}
```

回復留言並將回復內容顯示出來。程序代碼如下：
```
protected void Button1_Click (object sender, EventArgs e)
{
    if (Convert.ToString (Session ["username"]) == "")    //判斷用戶是否登錄，如果未登錄，則退出該程序返回登錄頁面
    {
        Response.Redirect ("login.aspx");
        return;
    }
```

```
OleDbConnection conn1 = getconnection();
    string sql = "select ID from user1 where username ='" + Session
["username"] + "'";//通過用戶名查找用戶ID
    OleDbCommand mycmd = new OleDbCommand(sql, conn1);
    conn1.Open();
    long userid1 = 0;
    OleDbDataReader dr;
    dr = mycmd.ExecuteReader();
    while(dr.Read())
        userid1 = dr.GetInt32(0);
    conn1.Close();
    mycmd.Dispose();
    dr.Dispose();
    string sql1 = "insert into reply(aid, reply, savedate, userid) values(" +
qj.id + ",'" + TextBox1.Text + "', now()," +userid1+")";//添加回復信息內容
    OleDbCommand mycmd1 = new OleDbCommand(sql1, conn1);
    conn1.Open();
    mycmd1.ExecuteNonQuery();
    MessageBox.Show("添加成功!","回復對話框");
    mycmd.Dispose();
    conn1.Close();
    bind1();//刷新回復記錄顯示
    string sql2 = "update article set replycount=replycount+1 where ID=" + qj.id;//
更新article表中回復次數
    OleDbCommand mycmd2 = new OleDbCommand(sql1, conn1);
    conn1.Open();
    mycmd2.ExecuteNonQuery();
}
```

7.5.3 用戶註冊頁面實現過程

通過用戶註冊頁面，用戶可以註冊帳號，註冊後可以發布留言和回復留言，沒有註冊登錄的用戶只能瀏覽留言和回復信息。運行頁面效果如圖7.4所示：

實現新用戶註冊頁面的步驟如下：

（1）將一個表格（table）控件至於register.aspx頁中，且居中排列，為整個頁面進行佈局。

（2）在表格的第一列輸入相應的文字信息（見圖7.4），在表格的第二列加入文本框（TextBox）和下拉列表框（DropDownList）；加入RegularExpressionValidator控件對用戶名作相應的長度取值範圍驗證、身分證號碼是否正確驗證、聯繫電話號碼是否正確驗證；RequiredFieldValidator控件對用戶名是否為空進行驗證；CompareValidator控件

對密碼和確認密碼是否一致進行驗證。

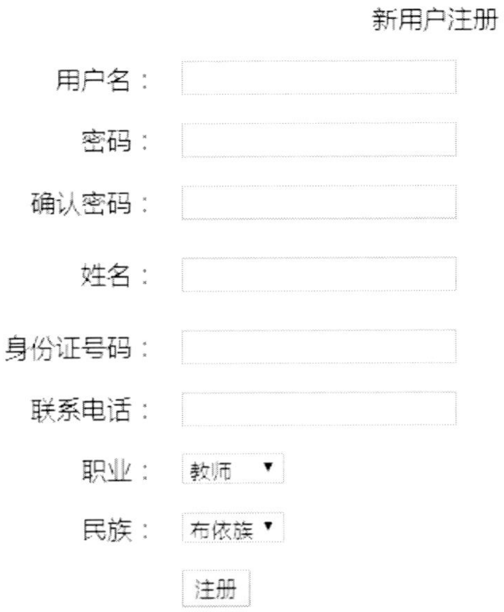

圖 7.4 新用戶註冊頁面

(3) 在表格的最後一行加入一個 Button 控件，用來提交註冊信息完成註冊。前端程序代碼如下：

```
<table align="center" cellpadding="5" cellspacing="5">
    <tr>
        <td colspan="2" style="text-align: center">
            新用戶註冊</td>
    </tr>
    <tr>
        <td>
            用戶名：</td>
        <td>
            <asp:TextBox ID="TextBox1" runat="server" AutoPostBack="True" ontextchanged="TextBox1_TextChanged"></asp:TextBox>
            <asp:Label ID="Label1" runat="server" ForeColor="#990000"></asp:Label>
        </td>
    </tr>
    <tr>
        <td>
            密碼：</td>
```

```
                    <td>
                            <asp：TextBox ID="TextBox2" runat="server" ontextchanged=
"TextBox2_TextChanged"></asp：TextBox>
                            <asp：RegularExpressionValidator ID="RegularExpressionValidator3"
runat="server"
                                ControlToValidate="TextBox2" ErrorMessage="長度應為
8~12位的數字或字母" ForeColor="#990000"
                    ValidationExpression="\w{8,12}"></asp：RegularExpressionValidator>
                    </td>
                </tr>
                <tr>
                    <td class="style3">
                        確認密碼：</td>
                    <td>
                            <asp：TextBox ID="TextBox3" runat="server"></asp：
TextBox>
                            <asp：CompareValidator ID="CompareValidator1" runat=
"server"
                                ControlToCompare="TextBox2" ControlToValidate="TextBox3"
                                ErrorMessage="密碼和確認密碼不一致" ForeColor="#
990000"></asp：CompareValidator>
                    </td>
                </tr>
                <tr>
                    <td class="style4">
                        姓名：</td>
                    <td class="style5">
                            <asp：TextBox ID="TextBox4" runat="server"></asp：
TextBox>
                            <asp：RequiredFieldValidator ID="RequiredFieldValidator1"
runat="server"
                                ControlToValidate="TextBox4" ErrorMessage="姓名不能
為空" ForeColor="#990000"></asp：RequiredFieldValidator>
                    </td>
                </tr>
                <tr>
                    <td class="style3">
                        身分證號碼：</td>
                    <td>
```

```
                                <asp：TextBox ID = " TextBox5 " runat = " server " ></asp：
TextBox>
                                <asp：RegularExpressionValidator ID = " RegularExpressionValidator1"
runat = "server"
                                    ControlToValidate = " TextBox5 " ErrorMessage = " 身分證不
合法" ForeColor = " #990000"
            ValidationExpression=" \ d {17} [ \d | X ] | \ d {15}"></asp：RegularExpressionValidator>
                    </td>
                </tr>
                <tr>
                    <td class = " style3" >
                        聯繫電話：</td>
                    <td>
                                <asp：TextBox ID = " TextBox6 " runat = " server " ></asp：
TextBox>
                                <asp：RegularExpressionValidator ID = " RegularExpressionValidator2"
runat = "server"
                                    ControlToValidate = " TextBox6 " ErrorMessage = " 聯繫電話
不合法" ForeColor = " #990000"
            ValidationExpression = " ^ 1 [ 34578 ] \ d {9} $ " ></asp：
RegularExpressionValidator>
                    </td>
                </tr>
                <tr>
                    <td class = " style3" >
                        職業：</td>
                    <td>
                                <asp：DropDownList ID = " DropDownList1 " runat = " server "
                        DataSourceID = " AccessDataSource1 " DataTextField = " zy"
DataValueField = " zyid" >
                                </asp：DropDownList>
                                <asp：AccessDataSource ID = " AccessDataSource1 " runat =
" server"
                                    DataFile = " ~ /ly. accdb " SelectCommand = " SELECT
[ zyid ], [ zy] FROM [ zy ]" >
                                </asp：AccessDataSource>
                    </td>
                </tr>
                <tr>
```

```
                        <td class="style3">
                            民族：</td>
                        <td>
                            <asp：DropDownList ID="DropDownList2" runat="server"
                                DataSourceID="AccessDataSource2" DataTextField="mz"
DataValueField="mzid">
                            </asp：DropDownList>
                            <asp：AccessDataSource ID="AccessDataSource2" runat="server"
                                DataFile="~/ly.accdb" SelectCommand="SELECT [mzid],[mz] FROM [mz]">
                            </asp：AccessDataSource>
                        </td>
                    </tr>
                    <tr>
                        <td class="style2">
                             </td>
                        <td>
                            <asp：Button ID="Button1" runat="server" onclick="Button1_Click" Text="註冊" />
                        </td>
                    </tr>
                </table>
```

後臺程序代碼如下：

當用戶名已被註冊，則該用戶不能註冊，註冊按鈕變為不可用。

```
protected void TextBox1_TextChanged (object sender, EventArgs e)
    {
        OleDbConnection conn1 = getconnection ();
        string sql = "select username from user1 where username='" + TextBox1.Text + "'";
        OleDbCommand mycmd = new OleDbCommand (sql, conn1);
        conn1.Open ();
        OleDbDataReader dr;
        dr = mycmd.ExecuteReader ();
        if (dr!=null && dr.Read ())
         {
            Label1.Text ="用戶名已經存在，請重新輸入";
            Button1.Enabled =false;
            dr =null;
```

```
        }
        else
        {
            Label1.Text="";
            Button1.Enabled=true;
        }
    }
```

當所填信息都驗證通過後，提交註冊按鈕則完成註冊操作。程序代碼如下：
```
protected void Button1_Click（object sender, EventArgs e）
    {
        OleDbConnection conn1 = getconnection（）;
        string sql = "insert into user1（username, pwd, xm, sfz, dh, zyid, mzid, qx）
values（'" + TextBox1.Text + "','" + TextBox2.Text + "','" + TextBox4.Text + "','" +
TextBox5.Text + "','" + TextBox6.Text + "'," + DropDownList1.SelectedValue + "," +
DropDownList2.SelectedValue + ", 0）";
        OleDbCommand mycmd = new OleDbCommand（sql, conn1）;
        conn1.Open（）;
        mycmd.ExecuteNonQuery（）;
        MessageBox.Show（"註冊成功"）;
        System.Web.HttpContext.Current.Session["username"] = TextBox1.Text;
        conn1.Close（）;
        mycmd.Dispose（）;
        Response.Redirect（"listadd.aspx"）;
    }
```

7.5.4 用戶登錄頁面實現過程

通過登錄頁面登錄後，用戶就可以發布留言和回復留言，沒有登錄的用戶只能瀏覽留言和回復信息。運行程序頁面效果如圖 7.5 所示：

圖 7.5 用戶登錄頁面

實現用戶登錄頁面的步驟如下：

（1）將一個表格（table）控件至於 login.aspx 頁中，且居中排列，為整個頁面進行佈局。

（2）在表格的第一列輸入相應的文字信息（見圖 7.5），在表格的第二列加入文本框（TextBox）並設置文本框的屬性。

（3）在表格的最後一行加入兩個 Button 控件，用來完成登錄功能和新用戶註冊頁面的連結功能。

前端程序代碼如下：

```
<table align="center" class="style1">
    <tr>
        <td colspan="2" style="text-align：center">
            用戶登錄</td>
    </tr>
    <tr>
        <td class="style2">
            用戶名：</td>
        <td>
            <asp：TextBox ID="TextBox1" runat="server"></asp：TextBox>
        </td>
    </tr>
    <tr>
        <td class="style2">
            密碼：</td>
        <td>
            <asp：TextBox ID="TextBox2" runat="server"></asp：TextBox>
        </td>
    </tr>
    <tr>
        <td>
             </td>
        <td>
            <asp：Button ID="Button1" runat="server" onclick="Button1_Click" Text="登錄" />
            <asp：Button ID="Button2" runat="server" onclick="Button2_Click" Text="新用戶註冊" />
        </td>
    </tr>
</table>
```

後臺程序代碼如下：

```
protected void bind()；//定義登錄方法
{
    OleDbConnection conn1 = getconnection()；
    string sql = "select username, qx from user1 where username ='" +
```

```
TextBox1.Text + "' and pwd='" + TextBox2.Text + "'";
        OleDbCommand cmd = new OleDbCommand(sql, conn1);
        OleDbDataReader dr;
        conn1.Open();
        dr = cmd.ExecuteReader();
        int i = 0;
        string qx = "";
        while (dr.Read())
        {
            qx = dr.GetString(1);
            System.Web.HttpContext.Current.Session["username"] = dr.GetString(0);
            i = i + 1;
        }
        if (i == 0)
        {
            MessageBox.Show("用戶名或密碼錯誤!");
        }
        else
        {
            if (qx == "0")
                Response.Redirect("listadd.aspx");
            else
                Response.Redirect("index.html");
        }
        dr.Dispose();
        cmd.Dispose();
        conn1.Close();
    }
    protected void Button1_Click(object sender, EventArgs e);  //調用bind()方法實現登錄
    {
        bind();
    }
    protected void Button2_Click(object sender, EventArgs e);  //跳轉到register.aspx頁面完成註冊功能
    {
        Response.Redirect("register.aspx");
    }
```

7.5.5　發布、修改留言頁面實現過程

用戶通過登錄頁面登錄後就可以發布留言，發布留言的用戶只需輸入留言的標題和內容，點擊提交即可完成留言的發布；用戶在發布留言後，如果留言未審核通過，則可以修改留言。運行程序頁面效果如圖 7.6 所示：

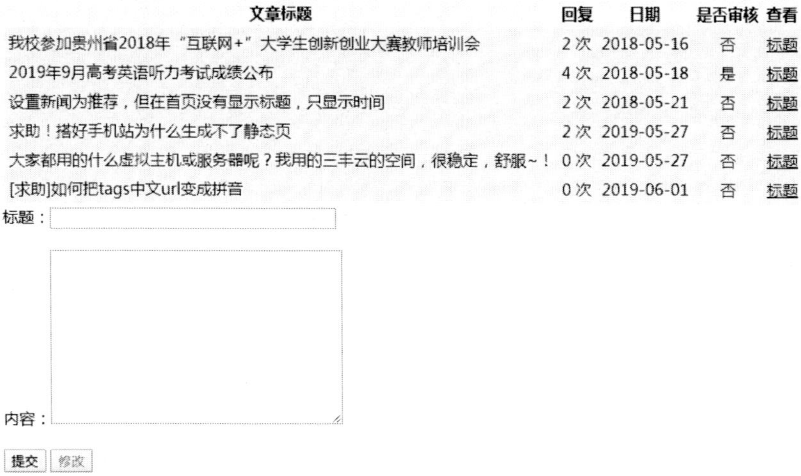

圖 7.6　發布、修改留言

實現發布留言頁面的步驟如下：

（1）在 loginadd.aspx 頁面中分別添加 GridView、文本框（TextBox）和按鈕（Button）控件，用來完成留言的顯示、留言標題和內容的輸入及提交功能。前端程序代碼如下：

```
<table class = "style1">
        <tr>
            <td>
                <asp：GridView ID = "GridView1" runat = "server" CaptionAlign = "Bottom"
                    CellPadding = "4" ForeColor = "#333333" GridLines = "None"
                    AutoGenerateColumns = "false" OnRowDataBound = "GridView1_RowDataBound">
                    <RowStyle BackColor = "#fffbd6" ForeColor = "#333333" />
                    <Columns>
                        <asp：BoundField DataField = "title" HeaderText = "文章標題" InsertVisible = "false" ReadOnly = "true" />
                        <asp：BoundField DataField = "replycount" DataFormatString = "{0} 次" HeaderText = "回復" />
```

```
                    <asp：BoundField DataField=" savedate" HeaderText=
" 日期"    DataFormatString=" {0：yyyy-MM-dd}"/>
                    <asp：BoundField DataField=" sh" HeaderText=是否審
核" ItemStyle-HorizontalAlign=" Center"/>
   <asp：HyperLinkField DataNavigateUrlFields=" ID" DataNavigateUrlFormatString=
" view. aspx？ID={0}" HeaderText=查看" Target="_blank" Text=標題" />
                    </Columns>
                </asp：GridView>
              </td>
           </tr>
         </table>
   標題：<asp：TextBox ID=" TextBox1" runat=" server" Width=" 289px" ></asp：
TextBox><br /><br />
   內容：<asp：TextBox ID=" TextBox2" runat=" server"
             Height=" 167px" TextMode=" MultiLine" Width=" 293px" ></asp：TextBox>
         <br /><br />
                <asp：Button ID=" Button1" runat=" server" onclick=" Button1_Click"
Text=提交" />
                <asp：Button ID=" Button2" runat=" server" onclick=" Button2_Click"
Text=修改" />
   後臺程序代碼如下：
   public class qj；//定義公共類存放用戶id
   {
       public static long userid；
   }
   protected void bind（）
   {
       OleDbConnection conn1=getconnection（）；
       string sql=" select ID，title，replycount，savedate from article where userid=" +
qj. userid；
       OleDbCommand mycmd=new OleDbCommand（sql，conn1）；
       mycmd. Connection=conn1；
       conn1. Open（）；
       OleDbDataReader dr；
       dr=mycmd. ExecuteReader（）；
       GridView1. DataSource=dr；
       GridView1. DataKeyNames=new string[]{"ID"}；
       GridView1. DataBind（）；
       dr. Dispose（）；
```

```
            mycmd.Dispose();
            conn1.Close();
        }
        protected void Button1_Click(object sender, EventArgs e) //發布留言
        {
            OleDbConnection conn1 = getconnection();
            string sql = "select ID from user1 where username='" + Session["username"] + "'";
            OleDbCommand mycmd = new OleDbCommand(sql, conn1);
            conn1.Open();
            OleDbDataReader dr;
            dr = mycmd.ExecuteReader();
            while (dr.Read())
                qj.userid = dr.GetInt32(0);
            conn1.Close();
            mycmd.Dispose();
            dr.Dispose();
            string sql1 = "insert into article(userid,title,content,replycount,sh,savedate,ip) values(" + qj.userid + ",'" + TextBox1.Text + "','" + TextBox2.Text + "',0,0,now(),'" + Request.ServerVariables.Get("REMOTE_ADDR").ToString() + "')";
            OleDbCommand cmd = new OleDbCommand(sql1, conn1);
            conn1.Open();
            cmd.ExecuteNonQuery();
            cmd.Dispose();
            conn1.Close();
            bind();        //調用該方法顯示添加的留言列表
            TextBox1.Text = "";
            TextBox2.Text = "";
        }
        protected void GridView1_RowDataBound(object sender, GridViewRowEventArgs e)
        //鼠標滑過顏色改變且是否審核顯示是和否的方法，同時當鼠標點擊記錄時將記錄內容添加到文本框，從而可以完成修改留言
        {
            if (e.Row.RowType == DataControlRowType.DataRow)
            {
                e.Row.Attributes.Add("onmouseover", "currentcolor=this.style.backgroundColor;this.style.backgroundColor='#ff0000';");
                e.Row.Attributes.Add("onmouseout", "this.style.backgroundColor =
```

currentcolor;");
            OleDbConnection conn1 = getconnection();
             string sql = "select content from article where title='" + e.Row.Cells[0].Text+"'";
            OleDbCommand mycmd = new OleDbCommand(sql, conn1);
            mycmd.Connection = conn1;
            conn1.Open();
            OleDbDataReader dr;
            dr = mycmd.ExecuteReader();
            while (dr.Read())
                e.Row.Attributes.Add("onclick", "document.getElementById('TextBox1').value='" + e.Row.Cells[0].Text + "';document.getElementById('TextBox2').value='" + dr.GetString(0) + "';document.getElementById('Button1').disabled='enabled';document.getElementById('Button2').disabled=false;");
            dr.Dispose();
            mycmd.Dispose();
            conn1.Close();
        }

        if (e.Row.Cells[3].Text == "0")
            e.Row.Cells[3].Text = "否";
        else if (e.Row.Cells[3].Text == "1")
            e.Row.Cells[3].Text = "是";
    }
    protected void Page_Load(object sender, EventArgs e); //頁面加載時判斷用戶是否登錄, 判斷這個頁面是否是回傳頁, 以及控制按鈕 Button 是否可用
    {
        if (Session["username"] == null)
            Response.Redirect("login.aspx");
        if (!IsPostBack)
            bind();
        Button2.Enabled = false;
    }
    protected void Button2_Click(object sender, EventArgs e); //留言的修改操作
    {
            string sql = "update article set content='" + TextBox2.Text + "' where title='" + TextBox1.Text + "'";
            OleDbConnection conn1 = getconnection();
            OleDbCommand mycmd = new OleDbCommand(sql, conn1);

```
            conn1.Open ();
            DialogResult i = MessageBox.Show ("您確定要修改該記錄嗎?", "修改確認", MessageBoxButtons.OKCancel);
            if (i == DialogResult.OK)
            {
                mycmd.ExecuteNonQuery ();
            }
            mycmd.Dispose ();
            conn1.Close ();
            Button1.Enabled = true;
            Button2.Enabled = false;
            bind ();
}
```

問題討論與思考：如果要設置已經審核過的留言不能修改，應如何實現。

7.5.6 刪除、審核留言頁面實現過程

管理員通過登錄頁面登錄後就可以刪除和審核留言。運行程序頁面效果如圖 7.7 所示：

文章标题	回復	日期	是否审核	编辑	审核	查看
我校参加贵州省2018年“互联网+”大学生创新创业大赛教师培训会	2 次	2018-05-16	否	删除	审核	标题
2019年9月[illegible]英语听力考试成绩公布	4 次	2018-05-18	是	删除	审核	标题
设置新闻为推荐，但在首页没有显示标题，只显示时间	2 次	2018-05-21	否	删除	审核	标题
求助！搭好手机站为什么生成不了静态页	2 次	2019-05-27	否	删除	审核	标题
大家都用的什么虚拟主机或服务器呢？我用的三丰云的空间，很稳定，舒服~！	0 次	2019-05-27	否	删除	审核	标题
[求助]如何把tags中文url变成拼音	0 次	2019-06-01	否	删除	审核	标题

圖 7.7 刪除、審核留言

實現發布留言頁面的步驟如下：

(1) 在 listadmin.aspx 頁面中添加 GridView 控件，用來完成留言刪除和審核操作。

前端程序代碼如下：

```
<table class="style1">
        <tr>
            <td>
                <asp:GridView ID="GridView1" runat="server" CaptionAlign="Bottom"
                    CellPadding="4" ForeColor="#333333" GridLines="None"
                    AutoGenerateColumns="false" onrowdeleting="GridView1_RowDeleting" onrowcommand="GridView1_RowCommand"
                    >
                <RowStyle BackColor="#fffbd6" ForeColor="#333333" />
```

```
            <Columns>
                <asp：BoundField DataField="title" HeaderText="文章標題" InsertVisible="false" ReadOnly="true" />
                <asp：BoundField DataField="replycount" DataFormatString="{0} 次" HeaderText="回復" />
                <asp：BoundField DataField="savedate" HeaderText="日期" DataFormatString="{0：yyyy-MM-dd}" />
                <asp：BoundField DataField="sh" HeaderText="是否審核" ItemStyle-HorizontalAlign="Center" />
                <asp：CommandField HeaderText="編輯" ShowDeleteButton="true" />
                <asp：ButtonField HeaderText="審核" ButtonType="Button" Text="審核" CommandName="sh" />
                <asp：HyperLinkField DataNavigateUrlFields="ID" DataNavigateUrlFormatString="view.aspx?ID={0}" HeaderText="查看" Target="_blank" Text="標題" />
            </Columns>
        </asp：GridView>
    </td>
</tr>
</table>
```

後臺程序代碼如下：

```
protected void bind() //按是否審核排序顯示留言信息
{
    OleDbConnection conn1 = getconnection();
    string sql = "select ID, title, replycount, savedate, sh from article order by sh";
    OleDbCommand mycmd = new OleDbCommand(sql, conn1);
    mycmd.Connection = conn1;
    conn1.Open();
    OleDbDataReader dr;
    dr = mycmd.ExecuteReader();
    GridView1.DataSource = dr;
    GridView1.DataKeyNames = new string[]{"ID"};
    GridView1.DataBind();
    dr.Dispose();
    mycmd.Dispose();
    conn1.Close();
}
```

```csharp
protected void Page_Load(object sender, EventArgs e)
{
    if (Session["username"] == null)
        Response.Redirect("login.aspx");
    if (!IsPostBack)
        bind();
}
protected void GridView1_RowDeleting(object sender, GridViewDeleteEventArgs e);//删除留言信息
{
    int ID = Convert.ToInt32(GridView1.DataKeys[e.RowIndex].Value);
    string sql = "delete from article where ID=" + ID;
    OleDbConnection conn1 = getconnection();
    OleDbCommand mycmd = new OleDbCommand(sql, conn1);
    conn1.Open();
    DialogResult i = MessageBox.Show("您确定要删除该记录吗?", "删除确认", MessageBoxButtons.OKCancel);
    if (i == DialogResult.OK)
    {
        mycmd.ExecuteNonQuery();
    }
    mycmd.Dispose();
    conn1.Close();
    bind();
}
protected void GridView1_RowCommand(object sender, GridViewCommandEventArgs e);//审核留言信息
{
    if (e.CommandName == "sh")
    {
        int ID = Convert.ToInt32(GridView1.DataKeys[int.Parse(e.CommandArgument.ToString())].Value.ToString());
        string sql = "update article set sh='1' where ID=" + ID;
        OleDbConnection conn1 = getconnection();
        OleDbCommand mycmd = new OleDbCommand(sql, conn1);
        conn1.Open();
        DialogResult i = MessageBox.Show("您确定要审核该记录吗?", "审核确认", MessageBoxButtons.OKCancel);
        if (i == DialogResult.OK)
```

```
                }
                    mycmd.ExecuteNonQuery();
            }
            mycmd.Dispose();
            conn1.Close();
            bind();
        }
    }
```

7.5.7 民族管理頁面實現過程

管理員可以通過民族管理頁面進行添加、修改和刪除民族。運行程序界面如圖 7.8 所示：

圖 7.8 民族管理

實現民族管理頁面的步驟如下：
（1）在 mz.aspx 頁面中添加 GridView 控件，用來完成民族的顯示、修改和刪除操作。再在頁面中添加文本框（TextBox）和 Button 控件，用來完成民族的添加操作。
前端程序代碼如下：

```
<table align="center">
    <tr>
        <td style="text-align: center">
            <asp: GridView ID="GridView1" runat="server" CaptionAlign="Bottom"
                CellPadding="4" ForeColor="#333333" GridLines="Horizontal"
                AutoGenerateColumns="false" onrowediting="GridView1_RowEditing"
                onrowupdating="GridView1_RowUpdating"
                onrowcancelingedit="GridView1_RowCancelingEdit"
                onrowdeleting="GridView1_RowDeleting">
                <RowStyle BackColor="#fffbd6" ForeColor="#333333" />
```

```
                <Columns>
                    <asp：BoundField DataField="mzid" HeaderText="民族編號"
ReadOnly="true" />
                    <asp：BoundField DataField="mz" HeaderText="民族名稱" />
                    <asp：CommandField ShowEditButton="true" />
                    <asp：CommandField ShowDeleteButton="true" />
                </Columns>
            </asp：GridView>
        </td>
    </tr>
    <tr><td></td></tr>
    <tr><td>
            <asp：TextBox ID="TextBox1" runat="server"></asp：TextBox>
        </td>
    </tr>
    <tr><td>
            <asp：Button ID="Button1" runat="server" onclick="Button1_Click" Text="添加" />
        </td></tr>
</table>
```

后臺程序代碼如下：

```
protected void bind()；//顯示民族列表
{
    OleDbConnection conn1 = getconnection()；
    string sql = "select mzid, mz from mz"；
    OleDbCommand mycmd = new OleDbCommand(sql, conn1)；
    conn1.Open()；
    OleDbDataReader dr；
    dr = mycmd.ExecuteReader()；
    GridView1.DataSource = dr；
    GridView1.DataKeyNames = new string[]{"mzid"}；
    GridView1.DataBind()；
    dr.Dispose()；
    mycmd.Dispose()；
    conn1.Close()；
}
protected void Page_Load(object sender, EventArgs e)；//頁面加載時判斷這個頁面
```

是否是回傳頁，如果不是回傳頁則執行 bind（）
```
            {
                if（！IsPostBack）
                {
                    bind（）；
                }
            }
```

當用戶單擊「編輯」按鈕時，將觸發 GridView 控件的 RowEditing 事件。在該事件的程序代碼中將 GridView 控件編輯項索引設置為當前選擇項的索引，並重新綁定數據。

程序代碼如下：

protected void GridView1_RowEditing（object sender，GridViewEditEventArgs e）；// 定義按下編輯按鈕時的動作
```
        {
            GridView1. EditIndex = e. NewEditIndex；
            bind（）；
        }
```

當用戶單擊「更新」按鈕時，將觸發 GridView 控件的 RowUpdating 事件。在該事件的程序代碼中，系統首先獲得編輯行的關鍵字段的值並取得各文本框中的值，然後將數據更新至數據庫，最後重新綁定數據。

程序代碼如下：

protected void GridView1_RowUpdating（object sender，GridViewUpdateEventArgs e）
```
        {
                long    mzid   =  Convert. ToInt32（GridView1. DataKeys［e. RowIndex］.Value. ToString（））；
                string mz =（（System. Web. UI. WebControls. TextBox）（GridView1. Rows［e. RowIndex］. Cells［1］. Controls［0］））. Text. Trim（）；
            Response. Write（mzid）；
            Response. Write（mz）；
            string sql = "update mz set mz='" + mz + "' where mzid=" + mzid；
            OleDbConnection conn1 = getconnection（）；
            OleDbCommand mycmd = new OleDbCommand（sql, conn1）；
            conn1. Open（）；
            mycmd. ExecuteNonQuery（）；
            mycmd. Dispose（）；
            conn1. Close（）；
            GridView1. EditIndex = -1；
            bind（）；
        }
```

當用戶單擊「取消」按鈕時，將觸發 GridView 控件的 RowCancelingEdit 事件。在

該事件的程序代碼中，用戶要將編輯項的索引設置為-1，並重新綁定數據。

程序代碼如下：

```csharp
protected void GridView1_RowCancelingEdit (object sender, GridViewCancelEditEventArgs e)
{
    GridView1.EditIndex = -1;
    bind ();
}
```

在 GridView 控件中刪除數據，需要添加一個 CommandField 列並指明為「刪除」按鈕，單擊該按鈕時將觸發 RowDeleting 事件。

程序代碼如下：

```csharp
protected void GridView1_RowDeleting (object sender, GridViewDeleteEventArgs e)
{
    string sql = "delete from mz where mzid =" + GridView1.DataKeys [e.RowIndex].Value.ToString ();
    OleDbConnection conn1 = getconnection ();
    OleDbCommand mycmd = new OleDbCommand (sql, conn1);
    conn1.Open ();
    DialogResult i = MessageBox.Show ("您確定要刪除該記錄嗎?", "刪除確認", MessageBoxButtons.OKCancel);
    if (i == DialogResult.OK)
    {
        mycmd.ExecuteNonQuery ();
    }
    mycmd.Dispose ();
    conn1.Close ();
    bind ();
}
```

當用戶點擊添加按鈕時，將添加民族並顯示在 GridView 控件中，同時將清除 TextBox 文本框中的內容。

```csharp
protected void Button1_Click (object sender, EventArgs e)
{
    OleDbConnection conn1 = getconnection ();
    string sql = "insert into mz (mz) values ('" + TextBox1.Text + "')";
    OleDbCommand cmd = new OleDbCommand (sql, conn1);
    conn1.Open ();
    cmd.ExecuteNonQuery ();
    cmd.Dispose ();
    conn1.Close ();
    bind ();
```

```
        TextBox1.Text = "";
    }
```

7.5.8 職業管理頁面實現過程

管理員可以通過職業管理頁面添加、修改和刪除職業。運行程序界面如圖 7.9 所示：

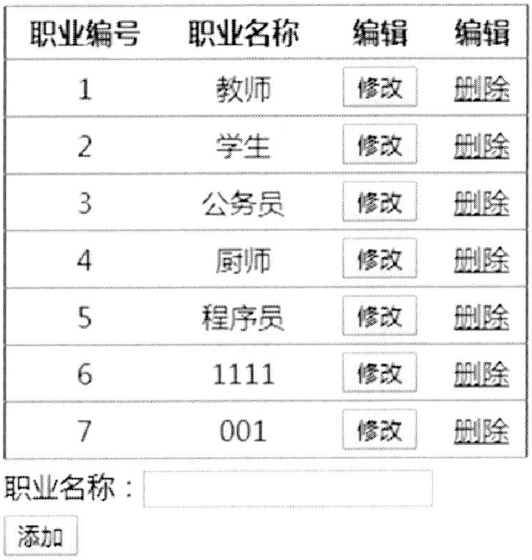

职业编号	职业名称	编辑	编辑
1	教师	修改	删除
2	学生	修改	删除
3	公务员	修改	删除
4	厨师	修改	删除
5	程序员	修改	删除
6	1111	修改	删除
7	001	修改	删除

圖 7.9 職業管理

實現職業管理頁面的步驟如下：

(1) 用戶在 zy.aspx 頁面中添加 GridView 控件，用來完成職業的顯示、修改和刪除操作；再在頁面中添加文本框（TextBox）和 Button 控件，用來完成職業的添加操作。

前端程序代碼如下：

```
<table class="style1" align="center">
            <tr>
              <td style="text-align: center">
                  <asp: GridView Width="300" ID="GridView1" runat="server"
CaptionAlign="Bottom"
                    CellPadding="4" ForeColor="#333333" GridLines="Horizontal"
                       AutoGenerateColumns="false" onrowcommand="GridView1_
RowCommand"
                    onrowdeleting="GridView1_RowDeleting">
                    <RowStyle BackColor="#fffbd6" ForeColor="#333333" />
                    <Columns>
                       <asp: BoundField DataField="zyid" HeaderText="職業編號"
ReadOnly="true" />
                       <asp: BoundField DataField="zy" HeaderText="職業名稱"/>
                       <asp: ButtonField HeaderText="編輯" ButtonType="Button"
```

Text="修改" CommandName="xg" />
                    <asp：CommandField HeaderText="編輯" ShowDeleteButton="true" />
                </Columns>
            </asp：GridView>
        </td>
    </tr>
    <tr>
        <td style="text-align：left">
            職業名稱：<asp：TextBox ID="TextBox1" runat="server" Width="162px"></asp：TextBox>
        </td>
    </tr>
    <tr>
        <td style="text-align：left">
            <asp：Button ID="Button1" runat="server" onclick="Button1_Click" Text="添加" />
        </td>
    </tr>
</table>

後臺程序代碼如下：

定義bind（）方法，用來顯示職業列表信息，程序代碼如下：

```
protected void bind（）
{
    OleDbConnection conn1 = getconnection（）;
    string sql = "select zyid, zy from zy";
    OleDbCommand mycmd = new OleDbCommand（sql, conn1）;
    conn1.Open（）;
    OleDbDataReader dr;
    dr = mycmd.ExecuteReader（）;
    GridView1.DataSource = dr;
    GridView1.DataKeyNames = new string[]｛"zyid"｝;
    GridView1.DataBind（）;
    dr.Dispose（）;
    mycmd.Dispose（）;
    conn1.Close（）;
}
protected void Page_Load（object sender, EventArgs e）;//頁面加載時判斷這個頁面是否是回傳頁，如果不是回傳頁則執行bind（）
{
```

```
        if (！IsPostBack)
        {
            bind ();
        }
}
```
定義一個公共類，用來存放點擊 GridView 控件時回傳的 zyid。
```
public class zyy
{
    public static long id;
}
```
定義 GridView 的 RowCommand 事件，當點擊修改按鈕時，把 GridView 控件中的值寫入 TextBox 文本框中，同時把 Button 按鈕的 Text 屬性改為「修改」。程序代碼如下：
```
protected void GridView1_RowCommand (object sender, GridViewCommandEventArgs e)
{
    if (e.CommandName == "xg")
    {
        OleDbConnection conn1 = getconnection ();
        zyy.id = Convert.ToInt32 (GridView1.DataKeys [int.Parse (e.CommandArgument.ToString ())].Value.ToString ());
        string sql = "select zy from zy where zyid=" + zyy.id;
        OleDbCommand mycmd = new OleDbCommand (sql, conn1);
        conn1.Open ();
        OleDbDataReader dr;
        dr = mycmd.ExecuteReader ();
        while (dr.Read ())
            TextBox1.Text = dr.GetString (0);
        dr.Dispose ();
        mycmd.Dispose ();
        conn1.Close ();
        Button1.Text ="修改";
    }
}
```
定義 Button 按鈕的 Click 事件。當用戶點擊 Button 按鈕時，交流會判斷其 Text 屬性是「添加」還是「修改」，從而確定是執行添加還是修改操作。程序代碼如下：
```
protected void Button1_Click (object sender, EventArgs e)
{
    OleDbConnection conn1 = getconnection ();
    if (Button1.Text == "添加")
    {
        string sql = "insert into zy (zy) values ('" + TextBox1.Text + "')";
```

```
            OleDbCommand mycmd = new OleDbCommand（sql，conn1）；
            conn1. Open（）；
            mycmd. ExecuteNonQuery（）；
            MessageBox. Show（"職業添加成功"）；
            conn1. Close（）；
            mycmd. Dispose（）；
            TextBox1. Text =""；
            bind（）；
        }
        else
        {
            string sql = " update zy set zy ='" + TextBox1. Text + "' where zyid =" + zyy. id；
            OleDbCommand mycmd = new OleDbCommand（sql，conn1）；
            conn1. Open（）；
            mycmd. ExecuteNonQuery（）；
            MessageBox. Show（"職業修改成功"）；
            conn1. Close（）；
            mycmd. Dispose（）；
            Button1. Text ="添加"；
            TextBox1. Text =""；
            bind（）；
        }
    }
```

在 GridView 控件中刪除數據，用戶需要添加一個 CommandField 列並指明為「刪除」按鈕，單擊該按鈕時將觸發 RowDeleting 事件，在執行刪除時，將彈出一個對話框詢問用戶是否要刪除，以免誤操作刪錯數據。程序代碼如下：

```
    protected void GridView1_RowDeleting（object sender, GridViewDeleteEventArgs e）
    {
            zyy. id =Convert. ToInt32（GridView1. DataKeys［e. RowIndex］. Value. ToString（））；
            string sql = "delete from zy where zyid =" + zyy. id；
            OleDbConnection conn1 = getconnection（）；
            OleDbCommand mycmd = new OleDbCommand（sql，conn1）；
            conn1. Open（）；
            DialogResult i = MessageBox. Show（"您確定要刪除該記錄嗎？"，"刪除確認"，MessageBoxButtons. OKCancel）；
            if（i == DialogResult. OK）
            {
                mycmd. ExecuteNonQuery（）；
```

```
        }
        mycmd. Dispose ( ) ;
        conn1. Close ( ) ;
        bind ( ) ;
}
```

7.5.9 用戶管理頁面實現過程

管理員可以通過用戶管理頁面添加、修改和刪除用戶。程序運行界面如圖 7.10 所示：

圖 7.10 用戶列表和添加用戶界面

當用戶點擊修改連結時，系統將把該條信息內容賦值給相應的文本框，用戶即可通過修改按鈕完成用戶基本信息修改。程序運行界面如圖 7.11 所示。

圖 7.11 用戶修改界面

用戶點擊刪除按鈕，會把該條用戶信息刪除，為防止該信息刪除錯誤，系統在刪除時將詢問用戶是否執行刪除操作。程序運行界面如圖 7.12 所示。

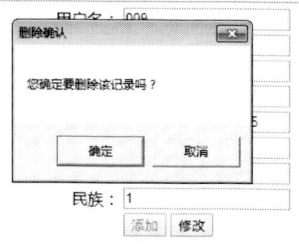

用戶編號	用戶名	姓名	用戶權限	編輯	
1	001	張三	0	修改	刪除
3	003	李四	0	修改	刪除
6	009	王二	0	修改	刪除
7	006	張三	1	修改	刪除
8	5	王五	0	修改	刪除

7.12　刪除用戶記錄界面

實現用戶管理頁面的步驟如下：

（1）在 user.aspx 頁面中添加 GridView 控件，用來完成職業的顯示、修改和刪除操作。再在頁面中添加文本框（TextBox）和 Button 控件，用來完成職業的添加、修改操作。

前端代碼如下：

```
<table class="style1" align="center">
    <tr>
        <td style="text-align: center">
            <asp:GridView Width="800" ID="GridView1" runat="server" CaptionAlign="Bottom"
                CellPadding="4" ForeColor="#333333" GridLines="Horizontal"
                AutoGenerateColumns="false" onrowdatabound="GridView1_RowDataBound"
                onrowdeleting="GridView1_RowDeleting">
                <RowStyle BackColor="#fffbd6" ForeColor="#333333" />
                <Columns>
                    <asp:BoundField DataField="ID" HeaderText="用戶編號" ReadOnly="true" />
                    <asp:BoundField DataField="Username" HeaderText="用戶名" />
                    <asp:BoundField DataField="Xm" HeaderText="姓名" />
                    <asp:BoundField DataField="Qx" HeaderText="用戶權限" />
                    <asp:ButtonField ButtonType="Link" Text="修改" />
                    <asp:CommandField HeaderText="編輯" ShowDeleteButton="true" />
                </Columns>
```

```
            </asp：GridView>
          </td>
       </tr>
    </table>
    <table class="style1" align="center">
       <tr>
          <td style="text-align：right" width="40%">
             用戶名：
          </td>
          <td style="text-align：left">
             <asp：TextBox ID="TextBox1" runat="server" Width="162px"></asp：TextBox>
          </td>
       </tr>
       <tr>
          <td style="text-align：right" width="40%">
             密碼：
          </td>
          <td style="text-align：left">
             <asp：TextBox ID="TextBox2" runat="server" Width="162px"></asp：TextBox>
          </td>
       </tr>
       <tr>
          <td style="text-align：right" width="40%">
             姓名：
          </td>
          <td style="text-align：left">
             <asp：TextBox ID="TextBox3" runat="server" Width="162px"></asp：TextBox>
          </td>
       </tr>
       <tr>
          <td style="text-align：right" width="40%">
             用戶權限：
          </td>
          <td style="text-align：left">
             <asp：TextBox ID="TextBox4" runat="server" Width="162px"></asp：TextBox>
```

```
            </td>
          </tr>
          <tr>
            <td style="text-align: right" width="40%">
                身分證號碼：
            </td>
            <td style="text-align: left">
                <asp:TextBox ID="TextBox5" runat="server" Width="162px"></asp:TextBox>
            </td>
          </tr>
          <tr>
            <td style="text-align: right" width="40%">
                聯繫電話：
            </td>
            <td style="text-align: left">
                <asp:TextBox ID="TextBox6" runat="server" Width="162px"></asp:TextBox>
            </td>
          </tr>
          <tr>
            <td style="text-align: right" width="40%">
                職業：
            </td>
            <td style="text-align: left">
                <asp:TextBox ID="TextBox7" runat="server" Width="162px"></asp:TextBox>
            </td>
          </tr>
          <tr>
            <td style="text-align: right" width="30%">
                民族：
            </td>
            <td style="text-align: left">
                <asp:TextBox ID="TextBox8" runat="server" Width="162px"></asp:TextBox>
            </td>
          </tr>
          <tr>
```

```
            <td style="text-align: left">
            </td>
            <td style="text-align: left">
                <asp: Button ID="Button2" runat="server" Text="添加" onclick="Button2_Click" />
                <asp: Button ID="Button3" runat="server" Text="修改" onclick="Button3_Click" />
            </td>
        </tr>
    </table>
```

後臺程序代碼如下：

```
protected void bind();//顯示用戶列表
    {
        OleDbConnection conn1 = getconnection();
        string sql = "select ID, Username, Pwd, Xm, Qx, Sfz, Dh, Zyid, Mzid from user1";
        OleDbCommand mycmd = new OleDbCommand(sql, conn1);
        conn1.Open();
        OleDbDataReader dr;
        dr = mycmd.ExecuteReader();
        GridView1.DataSource = dr;
        GridView1.DataKeyNames = new string[]{"ID"};
        GridView1.DataBind();
        dr.Dispose();
        mycmd.Dispose();
        conn1.Close();
    }
protected void Page_Load(object sender, EventArgs e);//頁面加載時判斷這個頁面是否是回傳頁，如果不是回傳頁則執行bind()
    {
        if(! IsPostBack)
        {
            bind();
        }
    }
```

用戶單擊記錄，將觸發GridView控件的GridView1_RowDataBound事件，把選定記錄的相應值反饋到相應文本框，從而方便用戶完成修改操作。

程序代碼如下：

```
protected void GridView1_RowDataBound(object sender, GridViewRowEventArgs e)
```

```
        }
            if (e.Row.RowType == DataControlRowType.DataRow)
            {
                OleDbConnection conn1 = getconnection();
                string sql = "select username, pwd, xm, qx, sfz, dh, zyid, mzid from user1 where ID=" + e.Row.Cells[0].Text;
                OleDbCommand mycmd = new OleDbCommand(sql, conn1);
                mycmd.Connection = conn1;
                conn1.Open();
                OleDbDataReader dr;
                dr = mycmd.ExecuteReader();
                while (dr.Read())
                    e.Row.Attributes.Add("onclick", "document.getElementById('TextBox1').value='" + dr.GetString(0) + "';document.getElementById('TextBox2').value='" + dr.GetString(1) + "';document.getElementById('TextBox3').value='" + dr.GetString(2) + "';document.getElementById('TextBox4').value=" + dr.GetInt32(3) + ";document.getElementById('TextBox5').value='" + dr.GetString(4) + "';document.getElementById('TextBox6').value='" + dr.GetString(5) + "';document.getElementById('TextBox7').value=" + dr.GetInt32(6) + ";document.getElementById('TextBox8').value=" + dr.GetInt32(7) + ";document.getElementById('Button2').disabled='enabled';document.getElementById('Button3').disabled=false;");
                dr.Dispose();
                mycmd.Dispose();
                conn1.Close();
            }
        }
```

当信息反馈到相应的文本框后，用户填报相应的修改信息，点击修改按钮即可完成信息的修改。

程序代码如下：

```
protected void Button3_Click(object sender, EventArgs e)
{
    string sql = "update user1 set pwd='" + TextBox2.Text + "', xm='" + TextBox3.Text + "', qx=" + Convert.ToInt32(TextBox4.Text) + ", sfz='" + TextBox5.Text + "', dh='" + TextBox6.Text + "', zyid=" + Convert.ToInt32(TextBox7.Text) + ", mzid=" + Convert.ToInt32(TextBox8.Text) + " where username='" + TextBox1.Text + "'";
    OleDbConnection conn1 = getconnection();
    OleDbCommand mycmd = new OleDbCommand(sql, conn1);
```

```
        conn1.Open();
        DialogResult i = MessageBox.Show("您確定要修改該記錄嗎?","修改確認",
MessageBoxButtons.OKCancel);
        if (i == DialogResult.OK)
        {
            mycmd.ExecuteNonQuery();
        }
        mycmd.Dispose();
        conn1.Close();
        bind();
    }
```

用戶在相應的文本框輸入相應的記錄信息後，點擊添加按鈕即可完成用戶信息的添加。
程序代碼如下：

```
protected void Button2_Click(object sender, EventArgs e)
    {
        OleDbConnection conn1 = getconnection();
        string sql = "insert into user1 (Username, Pwd, Xm, Qx, Sfz, Dh, Zyid, Mzid) values (" + TextBox1.Text + ",'" + TextBox2.Text + "','" + TextBox3.Text + "','" + Convert.ToInt32(TextBox4.Text) +",'" + TextBox5.Text +"','" + TextBox6.Text +"','" + Convert.ToInt32(TextBox7.Text) +"," + Convert.ToInt32(TextBox8.Text) +")";
        OleDbCommand cmd = new OleDbCommand(sql, conn1);
        conn1.Open();
        cmd.ExecuteNonQuery();
        cmd.Dispose();
        conn1.Close();
        bind();
    }
```

用戶在 GridView 控件中刪除數據，需要添加一個 CommandField 列並指明為「刪除」按鈕，單擊該按鈕時將觸發 RowDeleting 事件。
程序代碼如下：

```
protected void GridView1_RowDeleting(object sender, GridViewDeleteEventArgs e)
    {
        int ID = Convert.ToInt32(GridView1.DataKeys[e.RowIndex].Value);
        string sql = "delete from user1 where ID=" + ID;
        OleDbConnection conn1 = getconnection();
        OleDbCommand mycmd = new OleDbCommand(sql, conn1);
        conn1.Open();
        DialogResult i = MessageBox.Show("您確定要刪除該記錄嗎?","刪除確認",
MessageBoxButtons.OKCancel);
```

```
                if (i == DialogResult.OK)
                {
                    mycmd.ExecuteNonQuery ();
                }
                mycmd.Dispose ();
                conn1.Close ();
                bind ();
            }
```

7.5.10 後臺主體框架頁面實現過程

為了方便管理員用戶操作，後臺設置了一個管理框架頁面，頁面運行效果如圖7.13所示。

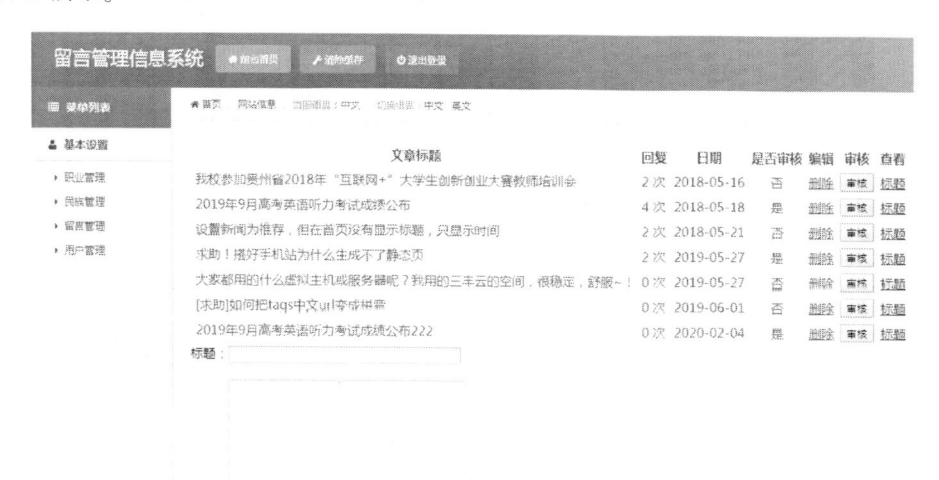

圖 7.13　後臺管理框架頁面

後臺管理框架頁面主要是用框架來實現。實現的部分代碼如下：

```html
<body style="background-color：#f2f9fd;">
<div class="header bg-main">
    <div class="logo margin-big-left fadein-top">
        <h1><img src="/images/y.jpg" class="radius-circle rotate-hover" height="50" alt="" />留言管理信息系統</h1>
    </div>
    <div class="head-l"><a class="button button-little bg-green" href="" target="_blank"><span class="icon-home"></span>前臺-首頁</a>  <a href="##" class="button button-little bg-blue"><span class="icon-wrench"></span>清除緩存</a>  <a class="button button-little bg-red" href="login.aspx"><span class="icon-power-off"></span>退出登錄</a></div>
```

```html
</div>
<div class="leftnav">
    <div class="leftnav-title"><strong><span class="icon-list"></span>菜單列表</strong></div>
    <h2><span class="icon-user"></span>基本設置</h2>
    <ul style="display：block">
        <li><a href="zy.aspx" target="right"><span class="icon-caret-right"></span>職業管理</a></li>
        <li><a href="mz.aspx" target="right"><span class="icon-caret-right"></span>民族管理</a></li>
        <li><a href="listadmin.aspx" target="right"><span class="icon-caret-right"></span>留言管理</a></li>
        <li><a href="user.aspx" target="right"><span class="icon-caret-right"></span>用戶管理</a></li>
    </ul>
</div>
<script type="text/javascript">
    $(function(){
        $(".leftnav h2").click(function(){
            $(this).next().slideToggle(200);
            $(this).toggleClass("on");
        })
        $(".leftnav ul li a").click(function(){
            $("#a_leader_txt").text($(this).text());
            $(".leftnav ul li a").removeClass("on");
            $(this).addClass("on");
        })
    });
</script>
<div class="admin">
    <iframe scrolling="auto" rameborder="0" src="listadmin.aspx" name="right" width="100%" height="100%"></iframe>
</div>
```

習題

1. 信息技術學院畢業（論文）設計管理系統的設計與實現。

畢業（論文）設計管理系統的總體要求如下（此要求為系統的最低要求）：

(1) 總體業務流程。

畢業（論文）設計的管理流程如圖 7.14 所示：

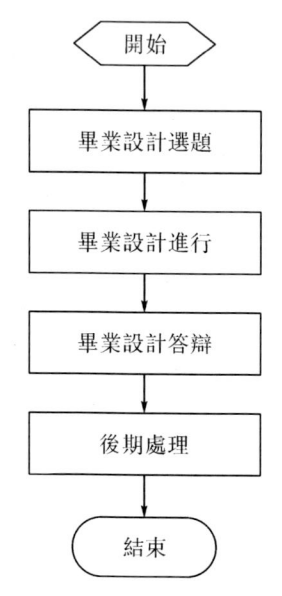

圖 7.14　畢業設計管理流程

(2) 系統功能模塊圖。

系統總體功能模塊如圖 7.15 所示：

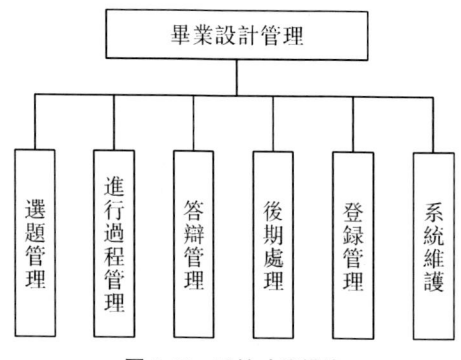

圖 7.15　系統功能模塊

(3) 總體功能分類描述。

系統總體功能分類描述如表 7.8 所示：

表 7.8　總體功能分類描述

功能類別/標示符	目標描述
選題管理	完成教師立題、學生選題的雙向選擇過程。最終達到每人一題
進行過程管理	完成教師與學生交流、中期檢查、教師與學生互評過程

續表

功能類別/標示符	目標描述
答辯管理	完成答辯準備工作，提交答辯結果
後期處理	完成收集、上報材料，統計成績，評優過程
登錄管理	提供用戶登錄驗證及用戶權限查詢的功能
系統維護	系統維護包括身分管理、流程管理和數據維護三個子功能塊

8　bootstrap 框架的使用

8.1　文件目錄結構

本章將前面所講的職業管理（職業的瀏覽、添加、修改、刪除）用 bootstrap 框架實現，實現的目錄結構如圖 8.1 所示：

圖 8.1　目錄結構

8.2　運行窗口

運行首頁，用戶可以瀏覽數據庫中的職業列表，瀏覽記錄頁面如圖 8.2 所示：

圖 8.2　職業瀏覽頁面

當用戶點擊新增按鈕時，系統會彈出新增記錄窗口，運行界面如圖 8.3 所示：

圖 8.3　新增記錄窗口

當用戶點擊修改按鈕時，系統會彈出修改記錄窗口，運行界面如圖 8.4 所示：

圖 8.4　修改記錄窗口

當用戶點擊刪除按鈕時，系統會彈出刪除記錄對話框，運行界面如圖 8.5 所示：

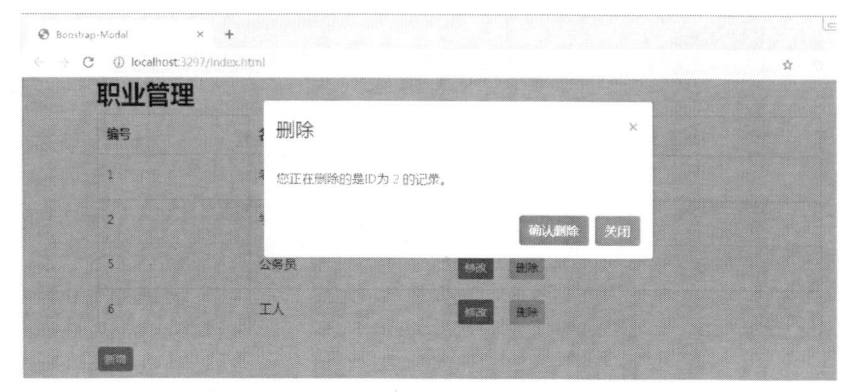

圖 8.5　刪除記錄對話框

8.3　程序實現

（1）Index.html 頁面代碼如下：
```
<!DOCTYPE html>
<html lang="zh-cn">
<head>
    <meta charset="UTF-8">
    <meta name="viewport" content="width=device-width, initial-scale=1.0">
    <meta http-equiv="X-UA-Compatible" content="ie=edge">
    <title>Boostrap-Modal</title>
    <link rel="stylesheet" href="css/bootstrap.min.css">
    <script src="js/jquery.min.js"></script>
    <script src="js/bootstrap.min.js"></script>
    <script src="js/index.js"></script>
</head>

<body>
    <!--主窗體內容-->
    <div class="container">
        <!--功能標題行-->
        <div class="row">
            <div class="col-12">
                <h2 class="font-weight-bold">職業管理</h2>
            </div>
```

            </div>
            <!--功能標題行 結束-->

            <!--主窗體數據表格 -->
            <div class="row">
                <div class="col-12">
                    <table class="table table-hover table-bordered">
                        <thead>
                            <tr>
                                <th>編號</th>
                                <th>名稱</th>
                                <th>編輯</th>
                            </tr>
                        </thead>
                        <tbody id="t_data">

                        </tbody>
                    </table>
                    <button class="btn btn-sm btn-success" data-toggle="modal" data-target="#add">新增</button>
                </div>
            </div>
            <!--主窗體數據表格 結束-->
        </div>

        <!--編輯模態框 -->
        <div class="modal fade" id="edit">
            <div class="modal-dialog" style="max-width:800px;">
                <div class="modal-content">
                    <div class="modal-header">
                        <h4 class="modal-title">編輯</h4>
                        <button type="button" class="close" data-dismiss="modal">×</button>
                    </div>
                    <div class="modal-body">
您正在編輯的是 ID 為 <span class="text text-danger" id="editId"></span> 的記錄。
                        <div>
職業名稱：<input type="text" id="zy_name"/>

```
                </div>
            </div>
            <div class="modal-footer">
                <button type="button" id="editok" class="btn btn-danger" data-dismiss="modal">確認修改</button>
                <button type="button" class="btn btn-secondary" data-dismiss="modal">關閉</button>
            </div>
        </div>
    </div>
</div>
<!--編輯模態框 結束-->

<!--刪除模態框 -->
<div class="modal fade" id="del">
    <div class="modal-dialog">
        <div class="modal-content">
            <div class="modal-header">
                <h4 class="modal-title">刪除</h4>
                <button type="button" class="close" data-dismiss="modal">&times;</button>
            </div>
            <div class="modal-body">
                您正在刪除的是 ID 為 <span class="text text-danger" id="delId"></span> 的記錄。
            </div>
            <div class="modal-footer">
                <button type="button" id="delok" class="btn btn-danger" data-dismiss="modal">確認刪除</button>
                <button type="button" class="btn btn-secondary" data-dismiss="modal">關閉</button>
            </div>
        </div>
    </div>
</div>
<!--刪除模態框 結束-->

<!--新增模態框 -->
<div class="modal fade" id="add">
    <div class="modal-dialog" style="max-width:800px;">
```

```html
            <div class="modal-content">
                <div class="modal-header">
                    <h4 class="modal-title">新增</h4>
                    <button type="button" class="close" data-dismiss="modal">&times;</button>
                </div>
                <div class="modal-body">
輸入職業名稱：<input type="text" id="add_zy_name" />
                </div>
                <div class="modal-footer">
                    <button type="button" id="addok" class="btn btn-danger" data-dismiss="modal">確認添加</button>
                    <button type="button" class="btn btn-secondary" data-dismiss="modal">關閉</button>
                </div>
            </div>
        </div>
    </div>
    <!--新增模態框 結束-->
</body>
</html>
```

（2）Web.config 連接數據庫代碼。

```
<appSettings>
    <add key="CONN" value="Provider=Microsoft.ACE.OLEDB.12.0;Data Source="/>
    <add key="dbPath" value="~/demo.accdb"/>
    <add key="ValidationSettings:UnobtrusiveValidationMode" value="None"/>
</appSettings>
```

（3）Index.js 頁面代碼。

```
$(function(){
    $.ajax({
        type:"GET",
        url:"../api/crud.ashx",
        data:{action:"selectAll"},
        dataType:"json",
        success:function(res){
            console.log(res.code)
            if(res.code==200){
                var str;
```

```
                    for (i in res.data) {
                        str += '<tr><td>' + res.data[i].zy_id + '</td><td>' +
res.data[i].zy_name + '</td><td><button class="btn btn-sm btn-primary" data-
toggle="modal" data-target="#edit" onclick="getEditId(' + res.data[i].zy_id + ')">
修改</button> <button class="btn btn-sm btn-warning" data-toggle="modal"
data-target="#del" onclick="getDelId(' + res.data[i].zy_id + ')">删除</
button></td></tr>';
                    }
                    $("#t_data").html(str);
                }
            });

            //確認修改數據
            $("#editok").click(function() {
                $.ajax({
                    type: "POST",
                    url: "../api/crud.ashx",
                    data: { action: "edit", id: $("#editId").text(), zy_name:
$("#zy_name").val() },
                    dataType: "json",
                    success: function(res) {
                        console.log(res.code)
                        if (res.code == 200) {
                            alert("修改成功");
                            // location.reload();
                        }
                    }
                });
            })

            //確認刪除數據
            $("#delok").click(function() {
                $.ajax({
                    type: "POST",
                    url: "../api/crud.ashx",
                    data: { action: "del", id: $("#delId").text() },
                    dataType: "json",
                    success: function(res) {
```

```
                    console.log ( res.code )
                    if ( res.code == 200 ) {
                        alert ( "修改成功" );
                        location.reload ( );
                    }
                }
            } );
        } )


        //添加信息
        $ ( "#addok" ) .click ( function ( ) {
            $.ajax ( {
                type: "POST",
                url: "../api/crud.ashx",
                data: { action: "add", zy_name: $ ( "#add_zy_name" ) .val ( ) },
                dataType: "json",
                success: function ( res ) {
                    console.log ( res.code )
                    if ( res.code == 200 ) {
                        alert ( "添加成功" );
                        location.reload ( );
                    }
                }
            } );
        } )


} )


//將當前編輯記錄的 id 傳遞到彈窗
function getEditId ( id ) {
    tempId = parseInt ( id );
    document.getElementById ( "editId" ) .innerHTML = tempId;

    $.ajax ( {
        type: "GET",
        url: "../api/crud.ashx",
        data: { action: "read", id: tempId },
        dataType: "json",
        success: function ( res ) {
```

```
                    console.log(res)
                    $("#zy_name").val(res.data[0].zy_name);
                }
            });
        }

        //將當前刪除的記錄的 id 傳遞到彈窗
        function getDelId(id){
            tempId=parseInt(id);
            document.getElementById("delId").innerHTML=tempId;
        }
```

(4) C#後臺代碼。

```
public class ConnectDB     /// ConnectDB 連接數據庫
{
        public static OleDbConnection ConnectDb()
        {
            string mystr = System.Configuration.ConfigurationManager.AppSettings["CONN"].ToString() + System.Web.HttpContext.Current.Server.MapPath(ConfigurationManager.AppSettings["dbPath"] + ";");
            OleDbConnection conn = new OleDbConnection(mystr);
            return conn;
        }
}

public class ToJSON
{
    //將 DataTable 轉換為 JSON 型數據
    public static string DataTalbeToJSON(DataTable dt)
    {
        System.Text.StringBuilder jsonBuilder = new StringBuilder();
        jsonBuilder.Append("[");
        for(int i = 0; i < dt.Rows.Count; i++)
        {
            jsonBuilder.Append("{");
            for(int j = 0; j < dt.Columns.Count; j++)
            {
                jsonBuilder.Append("\"");
                jsonBuilder.Append(dt.Columns[j].ColumnName);
                jsonBuilder.Append("\":\"");
                jsonBuilder.Append(dt.Rows[i][j].ToString());
```

```
                    jsonBuilder.Append ("\",");
                }
                jsonBuilder.Remove (jsonBuilder.Length - 1, 1);
                jsonBuilder.Append ("},");
            }
            if (dt.Rows.Count > 0)
            {
                jsonBuilder.Remove (jsonBuilder.Length - 1, 1);
            }
            jsonBuilder.Append ("]");
            return jsonBuilder.ToString ();
        }
        //定義數據統一返回格式
        public static string ReturnData (int code, string msg, string data)
        {
            string str = " { \"code\":" + code + ", \"msg\": \"" + msg + "\"," + "\"data\":" + data + "}";
            return str;
        }
    }
```

習題

利用 bootstrap 框架+js+C#實現留言的回復。

ASP.NET Web 應用系統開發

作　　者：彭芳策 著	
發 行 人：黃振庭	
出 版 者：財經錢線文化事業有限公司	
發 行 者：財經錢線文化事業有限公司	
E-mail：sonbookservice@gmail.com	
粉 絲 頁：https://www.facebook.com/sonbookss/	
網　　址：https://sonbook.net/	
地　　址：台北市中正區重慶南路一段六十一號八樓 815 室	

Rm. 815, 8F., No.61, Sec. 1, Chongqing S. Rd., Zhongzheng Dist., Taipei City 100, Taiwan (R.O.C)

電　　話：(02)2370-3310
傳　　真：(02) 2388-1990

總 經 銷：紅螞蟻圖書有限公司
地　　址：台北市內湖區舊宗路二段 121 巷 19 號
電　　話：02-2795-3656
傳　　真：02-2795-4100

印　　刷：京峯彩色印刷有限公司（京峰數位）

國家圖書館出版品預行編目資料

ASP.NET Web 應用系統開發 / 彭芳策著 . -- 第一版 . -- 臺北市：財經錢線文化，2020.11
　　面；　公分
POD 版
ISBN 978-957-680-468-7(平裝)
1. 網頁設計 2. 全球資訊網
312.1695　　　　109016628

官網

臉書

─ 版權聲明 ─

本書版權為西南財經出版社所有授權崧博出版事業有限公司獨家發行電子書及繁體書繁體字版。若有其他相關權利及授權需求請與本公司聯繫。

定　　價：399 元
發行日期：2020 年 11 月第一版
◎本書以 POD 印製